# 北京古树故事

张德强　马晓燕　冯　丽
编著

中国林業出版社
CFPH China Forestry Publishing House

**图书在版编目（CIP）数据**

北京古树故事 / 张德强，马晓燕，冯丽编著.
北京：中国林业出版社，2024.8. -- ISBN 978-7-5219-2863-1

Ⅰ. S718.4

中国国家版本馆CIP数据核字第20243CW785号

**审图号：**京S（2024）049号

策划编辑：康红梅

责任编辑：刘香瑞

设计排版：北京大汉方圆数字文化传媒有限公司

---

出版发行：中国林业出版社

（100009，北京市西城区刘海胡同 7 号，电话 010-83143545）

电子邮箱：36132881@qq.com

网址：https://www.cfph.net

印刷：河北京平诚乾印刷有限公司

版次：2024 年 8 月第 1 版

印次：2024 年 8 月第 1 次

开本：710mm×1000mm　1/16

印张：16

字数：258 千字

定价：89.00 元

古树　古都

相依　相托

共同造就一幅幅美妙永恒的画卷

# 前言

北京作为中国的首都，拥有悠久的历史和深厚的文化底蕴，古树是北京历史与文化最好的见证之一，也是北京历史文化名城的重要组成部分，古树与历史建筑、皇家园林等一起体现了古都的沧桑之美。古树的树龄和树种等信息反映了宫殿、皇家园林、皇帝陵园、坛庙寺观等历史文化遗产在不同时期建造、改造的过程，以及同时期发生的重大历史事件，是我们了解北京城市历史文化的重要线索之一。

北京古树名木数量众多，树种丰富，分布也相对集中。北京市古树名木资源调查结果显示，全市共有 41865 株古树名木，其中一级古树 6198 株，占总数的 14.8%；二级古树 34329 株，占总数的 82.0%；名木 1338 株，占总数的 3.2%。古树和古都，相互依存，相互依托，共同造就一幅幅美妙永恒的画卷。这些珍贵的古树名木，有的与名人故事联系在一起，有的被赋予特殊的意义和价值，为人们了解、研究和传承北京的历史文化提供了重要的依据和资源。近年来，北京市加大古树名木的保护、宣传力度，与市民休闲游憩相结合，打造了古树公园、古树小区、古树街巷、古树校园等众多古树景点，充分发挥古树自然遗产的影响力，起到了引领和示范作用。

编写《北京古树故事》，一方面是为了挖掘、收集和保留古树传承下来的文化信息和珍贵历史信息；另一方面是为了让公众更多地了解和认识古树，让古树贴近生活，从而激发公众保护古树的意识。

《北京古树故事》从科普的角度来编写，力求通俗易懂。主要包括以下几方面的内容：①古树名木基本知识，全国和北京市古树资源情况，关于古树年轮的奥秘。②北京市最美十大树王，6 个常见树种和 15 个特色树种的典型古树故事。③将古树观赏与北京特色旅游线路结合，分别介绍了宫殿、皇家园林、坛庙、寺庙、古树公园、古树街巷、古树小区、古树乡村内的典型古树。④如何保护古树，如何对古树进行健康体检和修复、复壮等。

本书具有以下特点：

一是突出科普性，全书图片近 280 幅，图文并茂，通俗易懂，既科普古树保护知识，也反映古树保护技术最新进展。

二是突出故事性，全书以古树故事为核心，力求通过一个个生动鲜活的故事提升阅读趣味，从而唤醒读者的古树保护意识。

三是突出时代性，将古树保护与北京特色旅游路线相结合，通过一个个明星古树打卡点和打卡游线，让古树走进生活。

本书主要由北京农学院国家林业草原古树健康与古树文化中心教师团队和北京如景生态园林绿化有限公司古树团队共同策划，参与资料收集整理和图片拍摄的人员有王敏、袁方、李艳、胡增辉、崔金腾、张昂、郭智涛、高杰、赵晴、张慧颖、张海侠、孙国鑫、周麒、翟琪、姚雨微、谢宇诗、梁朴等。本书的编写和出版得到了北京绿化基金会的大力支持，部分照片由北京绿化基金会杨树田理事长提供。在此一并表示感谢！

由于时间仓促和能力所限，书中还存在许多不足之处，真诚希望各位读者提出宝贵意见，以便不断提高完善。

编著者

2024 年 6 月

# 目录

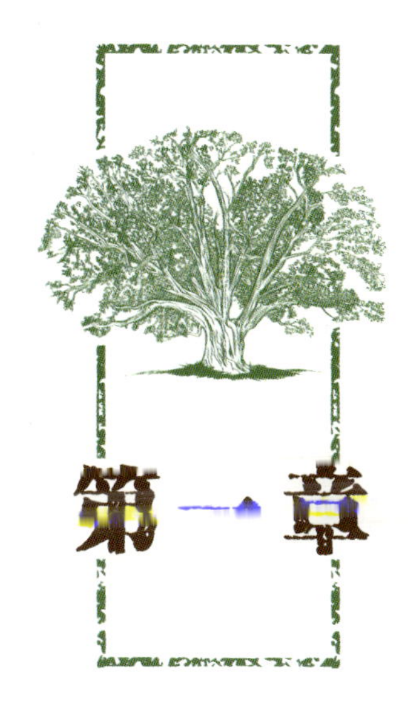

# 第一章

# 什么是古树名木

## 第一节

# 古树的概念与分级

古树是指树龄在百年以上的树木。北京市将古树做了分级，300 年以上的树木为一级古树，100~299 年的树木为二级古树。

北京市为每一株古树挂了树牌，树牌相当于古树的身份证，有红色和绿色两种，红色代表一级古树，绿色代表二级古树（图 1-1、图 1-2）。树牌上的主要信息有：保护级别、编号、树种及所属科、树种学名、种植年代及树龄、二维码等信息，方便人们快速地了解古树。

图 1-1 一级古树树牌

注：这株银杏是一级古树，隶属北京市海淀区，总编号为 03729。

图 1-2 二级古树树牌

注：这株国槐是二级古树，隶属北京市东城区，总编号为 02227。

北京市古树编号是仿照身份证号码编制的，一共有 12 位：1~3 位是北京市行政代码 110；4~6 位是古树所属行政管辖区（单位）代码（表 1-1）；大写字母 A 代表一级古树，B 代表二级古树；后面 5 位数字则代表古树的总序列号。

表 1-1 北京市古树编号 4-6 位所代表的行政管辖区(单位)

| 行政管辖区(单位) | 编号 | 行政管辖区(单位) | 编号 |
| --- | --- | --- | --- |
| 东城区 | 101 | 顺义区 | 113 |
| 西城区 | 102 | 昌平区 | 114 |
| 朝阳区 | 105 | 大兴区 | 115 |
| 丰台区 | 106 | 怀柔区 | 116 |
| 石景山区 | 107 | 平谷区 | 117 |
| 海淀区 | 108 | 密云区 | 128 |
| 门头沟区 | [illegible] | 延庆区 | 129 |
| 房山区 | 111 | 北京市公园管理中心 | 131 |
| 通州区 | 112 | | |

图 1-3 古树二维码信息

那么，扫描树牌上二维码，我们又能看到古树的哪些信息呢？如图 1-3 所示，可以看到古树的树种、学名、位置、年代、树高、胸 / 地围、平均冠幅、管护责任单位、生长习性等信息。在网友留言模块，还可以发表留言，既能科普古树知识，又能与网友互动，非常有趣！快扫描树牌上的二维码试试吧。

第二节

# 名木的概念

名木一般是指珍贵、稀有的树木或具有重要历史价值、科学价值、纪念意义和其他社会影响的树木。

名木为白色树牌(图 1-4),其编号的编制方法同古树一样,中间的大写字母“C”则代表名木,通过扫描树牌的二维码同样可以获取该株名木的详细信息。

北京的名木资源十分丰富,最具影响力的当属邓小平同志亲手栽种的树木。

邓小平同志是我国全民义务植树活动的倡导者,曾连续植树 11 次。北京的十三陵、天坛公园、龙潭湖、景山公园、亚运村……都留下了邓小平亲手种植的青树翠松。其中,在 1983 年、1984 年的植树节,邓小平同志前往北京市昌平区蟒山进行义务植树。1983 年所植为白皮松,树号为 110114C04928,树龄为 41 年,树高约 10 米,平均冠幅约 7 米。1984 年所植为油松,树号为 110114C04927,树龄为 40 年,树

图 1-4 名木树牌

高约 14 米，平均冠幅约 13 米。如今，该地已建设为蟒山国家森林公园，两株“邓小平手植松”也已成长为参天大树，被认定为北京名木。我们要牢记邓小平同志“植树造林，绿化祖国”的指示，积极投身全民义务植树运动，推动绿化事业的蓬勃发展，建设美丽中国，促进生态文明建设。

## 第三节 全国古树资源

2015–2021 年，全国绿化委员会在全国范围内组织开展了第二次古树名木资源普查。普查结果显示，全国普查范围内的古树名木共计 508.19 万株，分布在城市的有 24.66 万株，分布在乡村的有 483.53 万株。数量较多的树种有樟树、柏树、银杏、松树、国槐等。

那么古树名木资源最丰富的省份是哪里呢？是云南省，云南省的古树名木数量超过 100 万株，陕西、河南、河北超过 50 万株，浙江、山东、湖南、内蒙古、江西、贵州、广西、山西、福建超过 10 万株（图 1–5）。

2023 年 9 月 25 日，以“保护古树名木 赓续中华文脉”为主题的 2023 年全国古树名木保护科普宣传周启动仪式在陕西省延安市黄陵县举行，同时公布了全国“双百”古树推选活动结果，即全国 100 株最美古树和 100 个最美古树群，北京市 2 株古树入选最美古树，4 个古树群入选最美古树群。

北京市入选全国最美古树的 2 株古树：

（1）北京市门头沟区潭柘寺风景区银杏（帝王树），树龄约 1310 年。

（2）北京市密云区新城子镇新城子村侧柏（九搂十八杈），树龄约 3500 年。

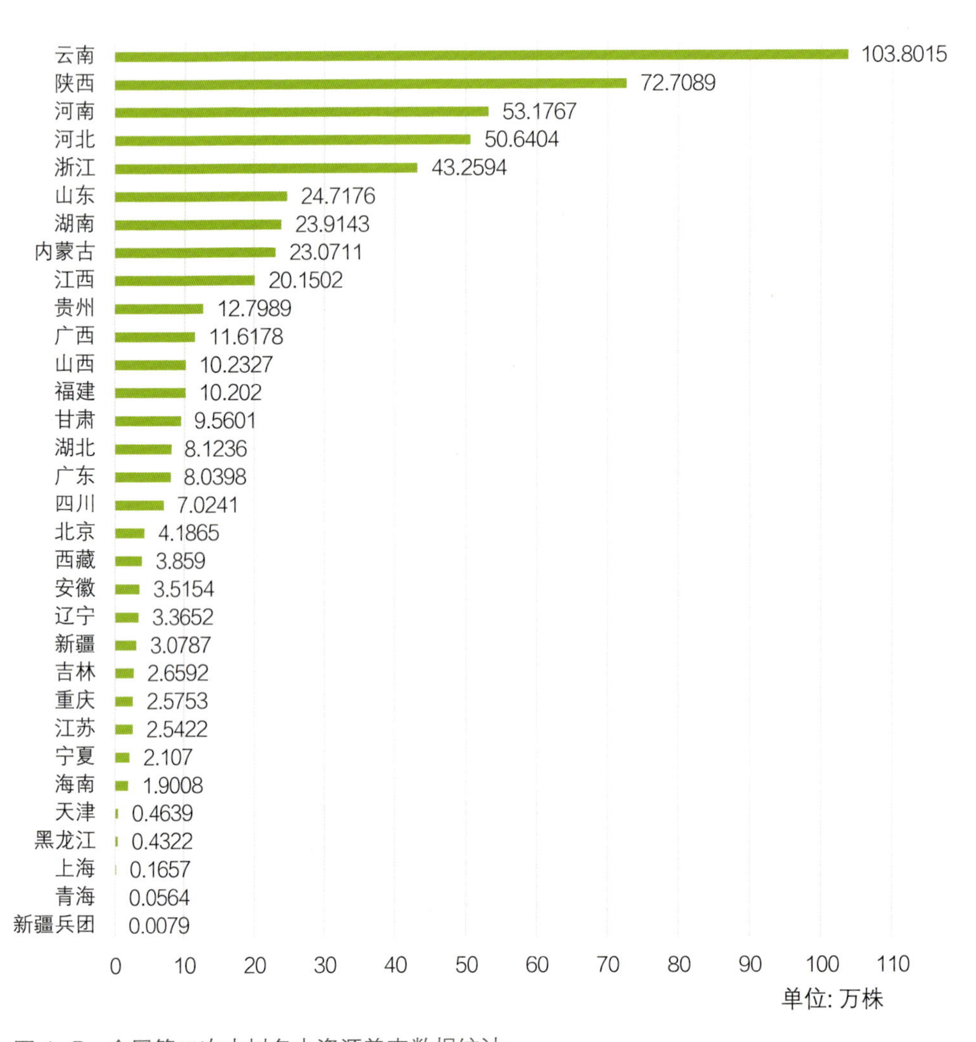


图 1-5　全国第二次古树名木资源普查数据统计

## 北京市入选全国最美古树群的 4 个古树群：

（1）北京中轴线古树群，位于北京市东城区、西城区中轴线申遗范围内，有 6602 株古树，平均树龄为 260 年。

（2）北京大学古树群，位于北京市海淀区燕园街道北京大学，有 538 株古树，平均树龄为 200 年。

（3）明十三陵古树群，位于北京市昌平区十三陵镇明十三陵景区，有 4396 株古树，平均树龄为 260 年。

（4）上方山古树群，位于北京市房山区上方山国家森林公园，有 1154 株古树，平均树龄为 110 年。

## 第四节

# 北京市古树名木资源

北京市作为中国的首都，拥有悠久的历史和深厚的文化底蕴，古树就是历史与文化最好的见证者。北京古树名木数量众多，树种丰富，分布也相对集中。古树和古都，相互依存，相互依托，共同造就一幅幅永恒美妙的画卷。这些古树名木有的被视为神木，有的与名人故事联系在一起，有的被赋予特殊的意义和价值，为人们了解、研究和传承北京的历史文化提供了重要的依据和资源。

北京市古树名木资源调查结果显示，全市共有 41865 株古树名木，其中一级古树 6198 株，占总数的 14.8%；二级古树 34329 株，占总数的 82.0%；名木 1338 株，占总数的 3.2%（图 1-6、图 1-7）。

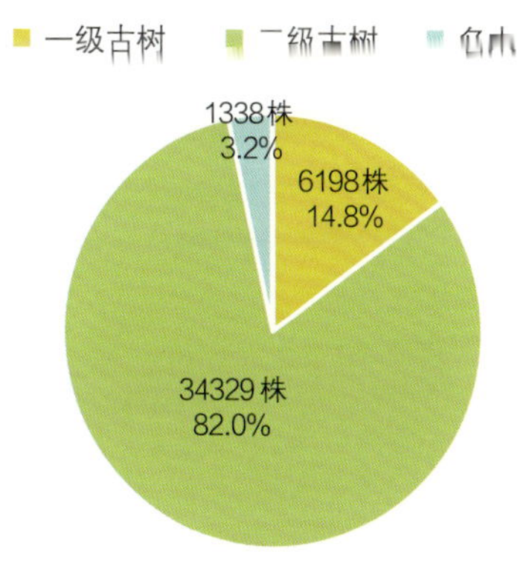


图 1-6 北京市古树名木级别统计

图 1-7 北京市古树名木资源分布统计

北京的古树名木树种丰富,共计 33 科 56 属 74 种(图 1-8)。主要树种及其株数:侧柏 22570 株,油松 6990 株,桧柏 5753 株,国槐 3531 株,共计 38844 株,占全市古树名木总量的 92.8%。

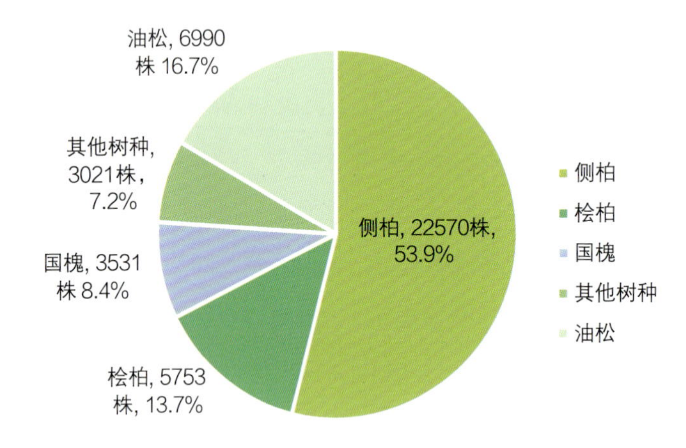


图 1-8　北京市古树名木树种统计

# 第二章

# 古树年轮的奥秘

第一节

# 怎么知道古树的年龄

古树一定长得很粗大吗？通常来说，随着树木年龄的增长，其直径、树高和材积也在不断增加。但不同树种的生长速率不同，有些速生树种如杨树生长速度很快，而有些慢生树种如柏树则生长速度非常慢。如图 2-1 中右侧的崖柏看起来很细，树龄却有近 100 年，而左侧看起来粗很多的榆树，树龄只有十余年。另外，同一树种在不同的环境中生长速度也不同。因此树木的粗细并不能作为推断树木年龄的依据。那么如何才能知道树木的准确年龄呢？通常有以下几种方法。

图 2-1 不同粗细树木的年轮对比（左：榆树；右：崖柏）

## 一、树轮法

古树的树龄是按照树木的年轮计算的，当一棵树被伐倒后，在树干的横截面上会出现一圈圈木质疏密相间、颜色深浅相间的同心圆环，这就是树木的年轮，如图2-2所示。

图2-2 树木年轮图

树木年轮呈现出深浅变化，颜色较浅的是春材，较深的是秋材，同一年的春材和秋材合称为年轮。第一年的秋材和第二年的春材之间，界限分明，成为年轮线。一般情况下，树木每一年生长一圈年轮，因此，理论上我们数数树木的年轮就知道树龄了。

那如何获取树木年轮呢？显然我们不能把树木伐倒来看树木年轮，既要保障树木健康又要看到树木内部年轮情况，可以使用生长锥获取一段能够反映出树木年轮的树芯，通过取出的树芯来判断年轮。

将组装好的生长锥[图2-3(a)]从树木胸高处(距地面1.3米)以垂直树体方向水平旋入，到达树木中心深度后，倒转1-2圈，拔出样槽，将样芯取出，并对树木伤口部分进行处理。样芯经过实验室内粘样、风干、打磨后，就可以观察到清晰可见的树木年轮，如图2-3(b)所示。

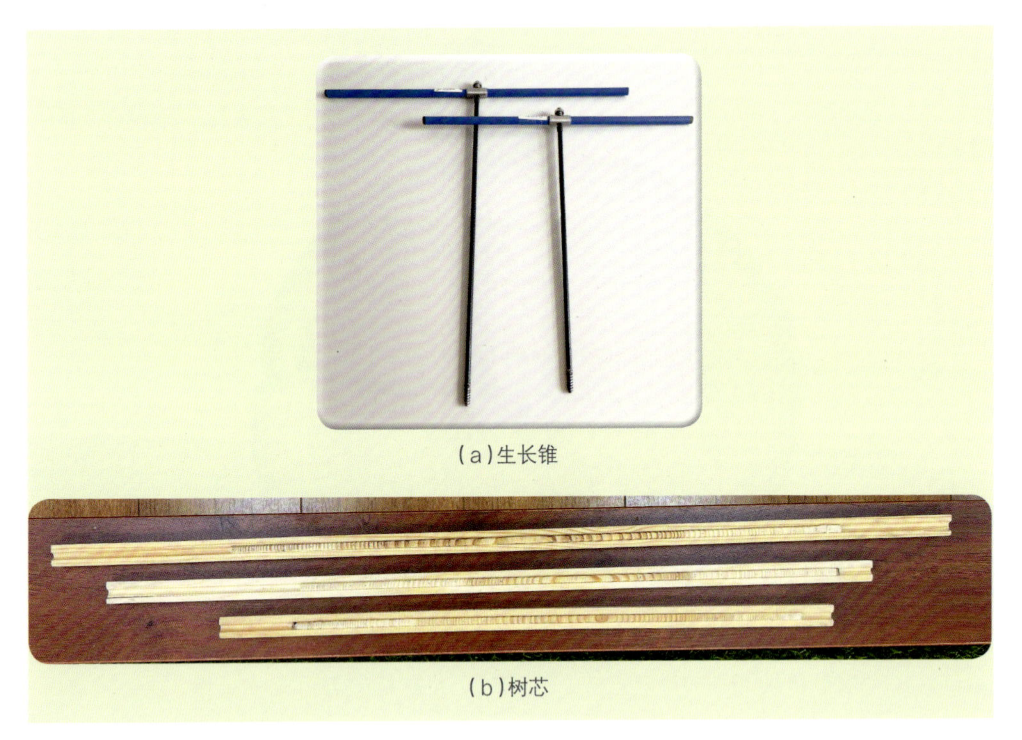
(a)生长锥

(b)树芯

图2-3 取出树芯测树木年轮

## 二、文献追踪法

年轮法对活体树木有一定的损伤。在无损情况下，我们还可以通过查阅各种文献(如各类地方志、历史名人游记、古建筑资料等)获得古树树龄信息。比如，据相关文献记载，北京颐和园西堤上的古桑和古柳皆栽植于乾隆年间，从而测算出其树龄有200多年。再者，《清宫述闻》记载："明代英华殿，有菩提树二，慈圣李太后手植也。"据此，我们就能知道故宫英华殿前两株欧洲大叶椴为明万历皇帝生母慈圣李太后所植，树龄有400多年。这种方法对于一些历史名城名村如北京、南京来说还是非常可行的，因为可考证的历史资料相对较多。

## 三、访谈估测法

对于那些没有文献记录的古树，如乡间村落的古树，还可以通过走访当地居民调查，凭借当地居民的记忆或家族留传下来的传说传闻，获得树木的相关信息，据此估测其大致树龄。访谈估测法确定的树龄有时候不一定准确，并且树龄通常不会太长。

## 四、胸径估测法

对于同一树种来说，在相同的生长条件下，树龄越大，树木越粗。而通过测量胸径来估测古树树龄相对简单易行。表 2-1 依据北京市地方标准《古树名木评价规范》（DB11/T 478-2022）列出了北京市几种常见古树按胸径分级数据。

表 2-1 北京常见古树按胸径分级

| 种类 | 科名 | 中文名（别名） | 按胸径分级（≥cm） | |
|---|---|---|---|---|
| | | | 一级 | 二级 |
| 常绿树 | 柏科 | 侧柏 | 60 | 30 |
| | | 圆柏（桧柏） | 60 | 30 |
| | 松科 | 油松 | 70 | 40 |
| | | 白皮松 | 60 | 30 |
| 落叶树 | 银杏科 | 银杏 | 100 | 50 |
| | 豆科 | 槐（国槐） | 100 | 60 |

## 五、回归预测法

不同树种的胸径和树龄之间关系不同，因此需要掌握树木的生长特征，建立树木胸径和树龄的回归关系，从而实现通过测量胸径来估测古树树龄。这种依据某树种现有胸径和年龄数据建立胸径-年龄的回归关系，通过测量胸径来计算推测该树种古树年龄的方法叫作回归预测法。回归预测法也是目前使用较多的测定古树树龄的方法。

### 六、其他方法

随着科学技术的进步，目前也有专业仪器能够测定古树树龄，如针刺仪、CT 扫描、碳十四测定等。除此以外，也可利用树皮年龄或侧枝年龄鉴定主干树龄。未来随着我国古树保护事业的不断发展进步，相信在树龄鉴定方面会取得更大突破。

## 第二节 有趣的年轮图

因受到生长环境的影响，树干的横截面形状也不一样，我们把截取下来的一段树干称作年轮盘。由于各种外界干扰，树木的年轮圈是不均匀的，颜色有深有浅、线条有疏有密，甚至形成非常有趣的图案。

### 一、年轮盘形状

大多数年轮盘呈现近圆形、椭圆形，也有不规则的形状，如图 2-4 所示。

图 2-4（a），近似圆形的年轮，树心接近圆心，大多数树木是这种情况。图 2-4（b），椭圆形偏冠年轮，这是因为树木生长过程中环境因子差异明显，阳光和养分多的一面生长较快，年轮线稀疏，阳光和养分少的一面则生长缓慢，年轮线密集。图 2-4（c），不规则形年轮，树木在生长过程中受到外力挤压所致。图 2-4（d），树抱石，树木在生长过程中包裹了周围的石头所致。

### 二、年轮线颜色有深有浅的原因

在树木生长的一年中，在春夏季节，气候温和，雨量充足，树木生长形成的细胞较大，细胞壁较薄，材质疏松，颜色较浅，称为春材或早材；在秋冬季节，气候逐渐变冷，树木生长形成的细胞较小，细胞壁厚且扁平，材质紧密、坚硬，颜色较深，称为秋材或晚材（图 2-5）。

(a)近圆形年轮

(b)椭圆形偏冠年轮

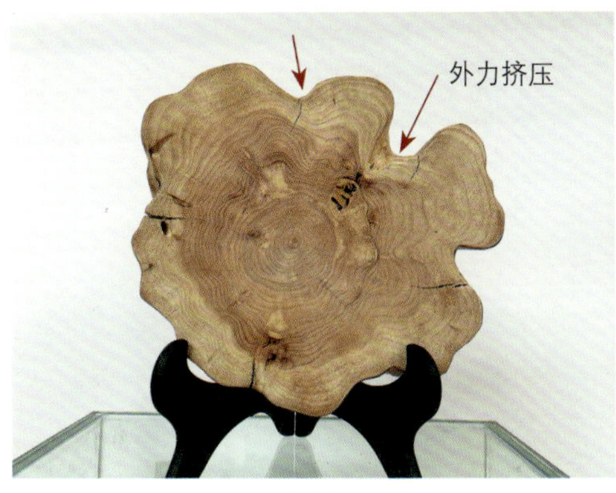


(c)不规则形年轮

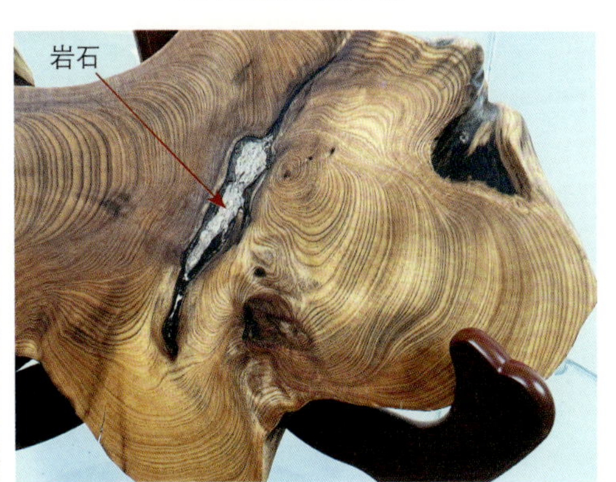


(d)树抱石

图 2-4 年轮盘形状

图 2-5 树木年轮早材晚材示意图

## 三、年轮线有疏有密的原因

年轮线除了呈现深浅不同的颜色外，还呈现出疏密不均的现象，甚至会形成各种有趣的形状（图 2-6）。这是由于树木在年复一年的生长过程中，受到外界因素的影响，比如温度、降水、光照，导致生长速度不一样，生长速度快则年轮线稀疏，生长速度慢则年轮线密集。

图 2-6　年轮线的疏密

## 四、多树心年轮盘

大多数情况，我们看到的年轮盘只有一个同心圆，表明树木有一个明显的主干。还有的年轮盘呈现出两个甚至多个树心，如图 2-7 所示。这样的年轮盘表明：①截取的位置刚好是树干主枝或者枝干分叉的部位。②相邻两株树的两个主干生长在一起。③主干和萌蘖枝生长在一起。

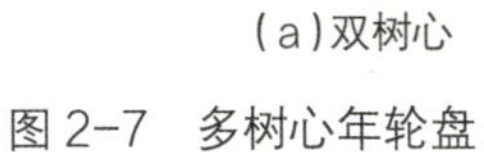

（a）双树心　（b）树木主干和旁边的萌蘖枝长到了一起

图 2-7　多树心年轮盘

## 五、空心盘

空心也是古树中常见的情况（图 2-8）。当树干上出现伤疤或裂缝，加之细菌侵入、雨水渗入等原因，就会逐渐腐烂，进而造成树干空心。槐树、柳树、杨树等速生树种更容易受侵蚀，形成空洞。

图 2-8　空心盘

### 六、年轮盘的颜色

我们会发现有些年轮盘有深浅不同的颜色。一般，靠近树皮部分的颜色浅些，称为边材；靠近中心部分的颜色深些甚至是全黑，称为心材（图 2-9）。这是由于死细胞的细胞壁浸润着各种色素（如苏木素、檀烯、桑色素等）而呈现出黑色、黄色、红黄色、红褐色等不同颜色。

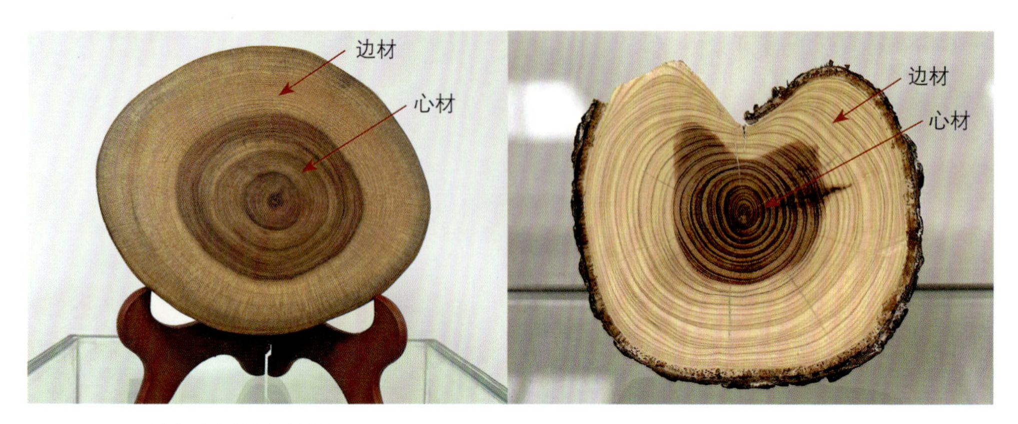


图 2-9 心材和边材颜色差异

## 第三节 年轮里的奥秘

### 一、记录环境变化

环境气候的优劣影响着树木的生长，反映在树木年轮的宽窄变化上。当树木所处的环境气候适宜树木生长，那么当年的年轮就会比较宽，但所处环境气候恶劣，那么当年的年轮就会相对较窄。古树历经成百上千年风雨的洗礼，其年轮就是环境气候变化的活档案，记录着当地的气候与环境信息，为我们了解历史环境及气候变化提供了重要依据。

例如，据史料记载，嘉庆六年（1801 年），京城出现了严重的水灾："辛酉夏，霖雨数旬，永定漫口，水淹南苑，漂没田庐数百里，秋禾尽伤。"经测量，小龙门地区两株古油松年轮宽度在相应年份均呈现极窄现象（图 2-10），反映出嘉庆六年的京城水灾很可能波及小龙门区域（土壤积水过多对油松生长不利）。

再如图 2-10，小龙门地区的这两株古油松在 1868—1877 年呈现出连续 10 年的特窄年轮，对应着当年北京的特大旱灾。这 10 年特窄年轮丰富和扩展了我们对历史上北京旱灾持续时间及影响范围的认知，并提供了史料记载以外的重要依据。

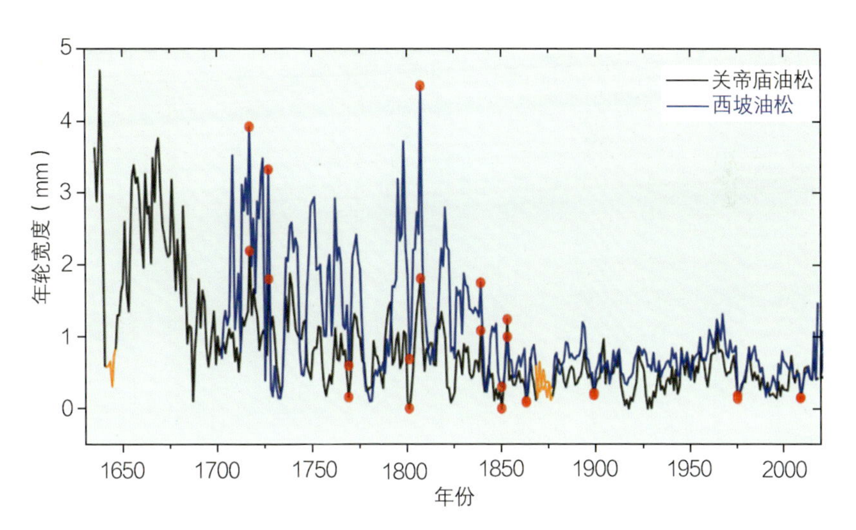


图 2-10 小龙门地区两株古油松年轮宽度变化

## 二、辅助解析历史事件

古树年轮不仅可以反映环境气候变化，也可以帮助我们了解历史，从多角度认识和分析历史事件。如图 2-10，还以小龙门地区的古油松为例，在明朝灭亡前最后 5 年（即 1640—1644 年）的年轮呈现持续极窄的现象，反映出当时恶劣的自然气候条件。在此之前，人们通常把明朝的灭亡归于腐朽统治制度与外患等社会原因，古油松极窄年轮的呈现为明朝的灭亡提供了自然气候方面的数据，为全面认知和分析明朝灭亡原因提供了重要依据。

## 三、辨别方位

年轮除了可以记录环境气候变化和历史事件,还可以在野外帮助我们判断方位。通常来说,生长在北半球的树木,因为朝南方向可以接收更多的阳光,生长得更好,因此树木的年轮通常表现为“南疏北密”。这可以帮助我们在信号微弱的野外识别方向,但前提是要找到裸露的树桩。

# 第三章

## 北京古树故事

## 第一节

# 北京“最美十大树王”的故事

北京有 4 万多株古树名木，哪一株最美？ 2018 年 4 月，北京市园林绿化局发起寻找北京“最美十大树王”活动。活动以“传承古树文化 彰显古都风韵”为主题，旨在弘扬和传承古树名木历史文化，发挥古树名木在展示古都风貌、体现古都特色、传承历史文化等方面的作用，讲好北京古树名木故事。市民和社会单位均可向所在区的园林部门推荐自己心目中的“最美树王”。主要针对侧柏、桧柏、油松、白皮松、国槐、银杏、榆树、枣树、玉兰、海棠 10 个北京重点常见的树种开展推选，原则上每个树种推选 1 棵。“树王”须具备四个基本条件：一是必须是经市、区古树名木行政管理部门调查登记、建立档案、设立标识的古树；二是具有丰富的历史文化内涵；三是在当地有较大的影响，深受百姓喜爱；四是必须是原有生态环境下自然生长的完整树木。除此以外，还应考虑胸围（地围）、树高、冠幅等指标，以及历史文化是否丰富，树木的珍贵、珍稀程度及保护价值，树形是否奇特美观及树龄等因素。

经专家推选、公众投票等环节，最终“九搂十八杈”等 10 株古树从 69 株候选古树中脱颖而出，获得北京“最美十大树王”称号（图 3-1、表 3-1）。

表 3-1 北京“最美十大树王”基本信息

| 序号 | 树名 | 树种 | 位置 | 树龄(年) |
|---|---|---|---|---|
| 1 | 九搂十八杈 | 侧柏 | 密云区新城子镇新城子村 | 3500 |
| 2 | 九龙松 | 白皮松 | 门头沟区戒台寺 | 1300 |
| 3 | 帝王树 | 银杏 | 门头沟区潭柘寺 | 1310 |
| 4 | 唐槐 | 国槐 | 西城区北海公园画舫斋古柯亭院内 | 1200 |
| 5 | 迎客松 | 油松 | 海淀区苏家坨镇车耳营村 | 1000 |
| 6 | 酸枣王 | 酸枣 | 东城区东花市街道花市枣苑社区 | 800 |
| 7 | 九龙柏 | 桧柏 | 东城区天坛公园回音壁外 | 600 |
| 8 | 榆树王 | 榆树 | 延庆区千家店镇千家店村(排字岭自然村) | 600 |
| 9 | 西府海棠 | 西府海棠 | 西城区宋庆龄故居中院东侧 | 200 |
| 10 | 古玉兰 | 玉兰 | 海淀区颐和园邀月门东侧 | 180 |

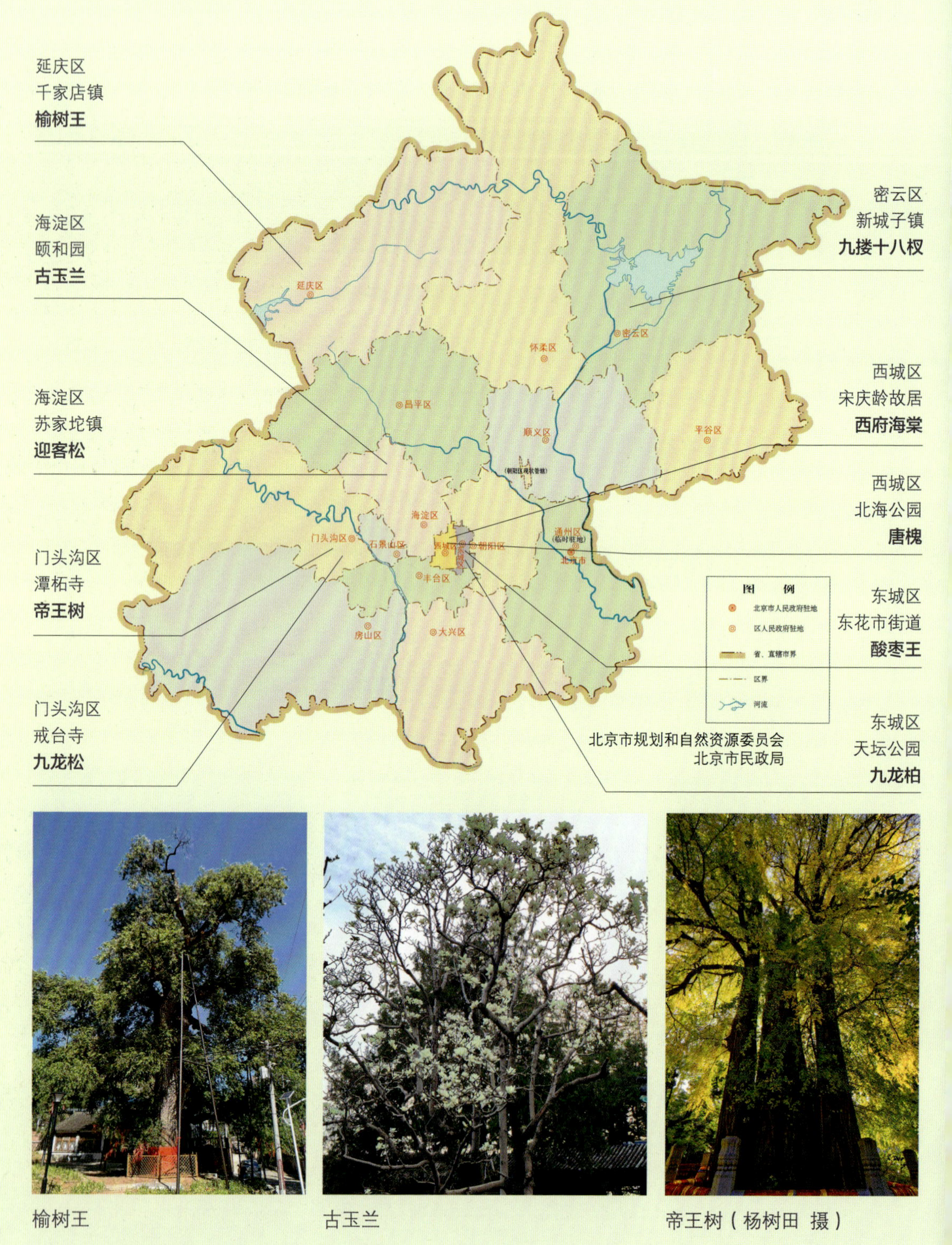


榆树王　古玉兰　帝王树（杨树田 摄）

图 3-1　北京“最美十大树王”分布

迎客松

九搂十八杈

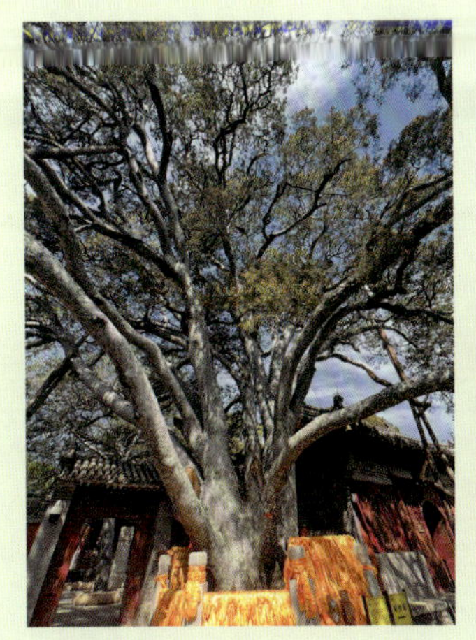
九龙松

西府海棠

唐槐（陈春萌 摄）

酸枣王

九龙柏

## 一、北京"侧柏之王"：密云区新城子镇九搂十八杈

九搂十八杈，是位于密云区新城子镇原关帝庙遗址上的一株枝干粗壮、根系庞大的古侧柏树，为柏科侧柏属常绿乔木。经测量，树龄已达3500年，为一级古树，是北京树龄最大的古树，被称作北京"侧柏之王"，并在2023年入选全国"双百"古树（图3-2）。

说起它名称的由来，就不得不提古侧柏的挺阔身姿，它高约11.5米，胸围820厘米，主干粗壮，至少要9个成年人合抱才能围起来，而侧枝则是从距地面约两米处开始萌发，并向四面八方自由舒展，共分出18个粗壮的侧枝，平均冠幅达21.3米，因此得名"九搂十八杈"。历经几千年雪雨风霜，至今依然生机勃勃。

图3-2 密云九搂十八杈（马俊云 摄）

图 3-3　戒台寺九龙松

## 二、北京“白皮松之王”：门头沟区戒台寺九龙松

九龙松为北京“白皮松之王”，位于门头沟区最古老的佛教圣地之一——戒台寺内，为松科松属常绿乔木。树龄约 1300 年，为一级古树，是北京最古老的白皮松。胸围 683 厘米，树高 18 米，冠幅 21.8 米，因主干分九枝而得名（图 3-3）。

这株白皮松树干粗壮直立，树皮鳞片斑驳，九枝侧枝在阳光下通身闪耀着银白色的光，犹如九条银龙从四周凌空飞出，气势磅礴。枝顶叶片婆娑，覆在“银龙”之上，颇具平衡美感。清代洪亮吉的《戒坛古松歌》中这样写道：“松根一龙干九龙，欲攫台殿凌虚空。”九龙松与卧龙松、抱塔松、自在松、活动松合称为戒台寺五大名松。

## 三、北京“银杏王”：门头沟区潭柘寺帝王树

帝王树为北京“银杏王”，位于门头沟区潭柘寺内的大雄宝殿前西侧，银杏科银杏属落叶乔木，树龄约 1310 年（图 3-4）。

相传，在清代每有一位皇帝驾崩，此树就会有一段树杈折断，而每当一位新皇帝登基，则会长出新的侧枝，并逐渐和老干合为一体。乾隆皇帝亲封此树为“帝王树”，这是我国历史上皇帝对树木的最高封号。这株古树胸围 930 厘米，冠幅 18.5 米，高达 24 米，由多个直立侧枝合抱为主干。帝王树枝繁叶茂，盛夏时节，荫庇半个院子；清秋之时，满树金黄，与青瓦红砖相得益彰，将古寺的神圣氛围烘托得更盛。

图 3-4　潭柘寺帝王树（杨树田 摄）

## 四、北京“国槐之王”：西城区北海公园唐槐

唐槐为北京“国槐之王”，位于西城区文津街 1 号北海公园画舫斋内，为豆科槐属落叶乔木，树龄 1200 年。胸围约 600 厘米，树高 12 米，冠幅 12.7 米，因种植于唐代而得名。唐槐深受乾隆皇帝喜爱，在树侧修筑屋宇，点缀太湖石，并以古槐为由取名“古柯庭”，还写有《御制古槐诗》，诗中云：“庭宇老槐下，因之名古柯。若寻嘉树传，当赋角弓歌。”树干中空，树皮嶙峋，生长肆意，形貌奇特，一旁为堆砌假山，一旁为红顶屋宇，仿佛一个江南盆景设置在皇家园林中（图 3-5）。

图 3-5　北海公园唐槐（陈春萌　摄）

## 五、北京“油松之王”：海淀区苏家坨镇迎客松

迎客松为北京“油松之王”，位于海淀区凤凰岭自然风景区的东耳营村关帝庙前，为松科松属常绿乔木，树龄约1000年。胸围350厘米，树高7米，冠幅16米，为辽代所栽。该树主枝北侧硬挺直立，南侧朝下长长延伸，枝叶也微微向南，下倾生长，好像在迎接过往的来客，故名“迎客松”。其树干粗壮，“鳞片”盘身，侧身将右侧荫庇的庙门尽数显露，树如其名，尽显待客之礼（图3-6）。

图3-6 迎客松

## 六、北京“酸枣之王”：东城区东花市街道酸枣王

酸枣王，位于东城区东花市街道的花市枣苑小区，为鼠李科枣属木本植物，树龄约800年，为一级古树。胸围约320厘米，树高12米，冠幅9米。酸枣树本为灌木，异化为乔木，且有树龄八百，更显弥足珍贵（图3-7）。这棵酸枣树为金代所种植。据记载，酸枣树在明清经历两次冻灾依然幸存，春华秋实，因此被视为“吉祥树”。如今，以这株古树为主题已经举办十多届酸枣树文化节，花市枣苑小区也因它得名。

图3-7 酸枣王

## 七、北京“桧柏之王”：东城区天坛公园九龙柏

九龙柏为北京“桧柏之王”，位于东城区天坛公园皇穹宇西北侧，为柏科刺柏属常绿乔木，树龄约600年，为一级古树。这株古树胸围359厘米，树高12.2米，平均冠幅7.0米。树体高大笔直，通身密被或深或浅的突出干纹，其沟壑远望如龙爪纵向攀爬缠绕（图3-8、图3-9）。

传说乾隆皇帝到皇穹宇祭祀时，隐约听到西庑后有异声，恍然见有九蛇游走消失在院墙外，抬头发现这株柏树树干盘错伫立，就像九龙腾飞，顿悟说树为吉祥昌瑞之树，因此被称作“九龙柏”，又名“九龙迎圣”。

图3-8 天坛九龙柏

图3-9 九龙柏树干（柏慧 摄）

## 八、北京“榆树之王”：延庆区千家店镇榆树王

榆树王，位于延庆区千家店镇长寿岭村口处，为榆科榆属落叶乔木，树龄约600年，为一级古树，是目前京郊最古老的白榆树。胸围230厘米，树高23米，冠幅25米，相传为明成祖北巡时亲手所植，被当地人奉为“神树”。榆树王通体布满纵状褐色纹路，枝干强劲有力，枝叶浓茂，层层叠叠，远远望去像是一把巨伞覆盖在地面。数百年来，榆树王与白河相映生辉，成为长寿岭村一道靓丽风景线（图3-10、图3-11）。

图3-10 榆树王（黎梦宇 摄）

图3-11 榆树王（黎梦宇 摄）

## 九、北京“海棠王”：西城区宋庆龄故居西府海棠

西府海棠，蔷薇科苹果属落叶小乔木，在北京生长状态较好，常与玉兰、牡丹相配，具有“玉棠富贵”的意境。北京市最美古海棠树，当属西城区宋庆龄故居中的两株西府海棠，树龄约200年，胸围约220厘米，树高8米，冠幅6米。树形硕大，叶片茂密，花期4月上旬，满树芬芳，淡雅宜人（图3-12）。

故居府邸几经易主，海棠虽不知是旧时哪任主人所植，但风姿潇洒，深受宋庆龄同志喜爱，不仅开花时常邀友共赏，还会采摘海棠果做果酱。每年4月花开之际，这里会举办海棠文化节，人们在故居中游览，透过海棠花的勃勃生机怀念宋庆龄女士。

图3-12 宋庆龄故居西府海棠

## 十、北京“玉兰王”：海淀区颐和园古玉兰

玉兰，木兰科玉兰属落叶乔木，作为海淀区颐和园的特色春花树种，曾在乾隆时期成片种植在乐寿堂前，叫作“玉香海”。据记载，慈禧太后曾经被封为兰贵人，又非常喜欢玉兰，因此将自己在颐和园的住所定在了乐寿堂。院内曾种满玉兰，1860 年英法联军火烧颐和园时，尽数被毁，只在邀月门一侧留存唯一一株主干被烧但又顽强长出新叶的古玉兰树。这株玉兰树龄约为 180 岁，为二级古树，是颐和园全园 80 余株玉兰中唯一一株树龄超百年的古玉兰。胸围 150 厘米，树高 11 米，冠幅 8.6 米。每年初春之际，繁花满枝，洁白如玉的花朵在古建筑红、绿色调的映衬下，更显得端庄大气（图 3-13）。

图 3-13　颐和园古玉兰

# 第二节

# 北京常见树种古树故事

北京市古树名木树种丰富，分布较多的有侧柏、油松、桧柏、国槐、白皮松、银杏，其中国槐和侧柏是北京市市树。这些树种都是北京市乡土树种，在北京地区种植总量比较多、生长状况比较好，保留下来的古树数量相对比较大。它们扎根在这片土地上，历经风雨沧桑，见证着北京从古至今的变迁，承载着无数古老而传奇的故事。这些古树是自然界的奇迹，更是历史与文化的瑰宝，使北京这座城市更具历史韵味与独特魅力。

## 一、侧柏

侧柏，柏科侧柏属常绿乔木。树冠广卵形，小枝扁平，排列成一个平面。叶小，鳞片状，紧贴小枝上，呈交叉对生排列。侧柏分布广泛，栽培历史悠久，是中国重要的园林绿化及防护林树种。侧柏寿命很长，常有百年和数百年以上的古树，因此也被看作是“长寿树”、“吉祥树”。侧柏古树是北京市数量最多的古树（表 3–2），占到北京古树总量一半多。北京树龄最大的古树便是侧柏，即“九搂十八杈”。

表 3–2 北京市著名侧柏古树基本信息

| 序号 | 古树名称及编号 | 古树位置 | 树龄（年） | 简要信息 |
|---|---|---|---|---|
| 1 | 上方山柏树王<br>110111A00683 | 房山区上方山国家森林公园吕祖阁院内 | 1600 | 栽植于晋代 |
| 2 | 中山辽柏<br>110101A06689<br>110101A06676<br>110101A06914<br>110101A06915<br>110101A06916<br>110101A06918<br>110101A06919 | 东城区中山公园南坛门和外垣墙外 | 1000 | 共 7 株，栽植于辽代，见证兴国寺 |

续表

| 序号 | 古树名称及编号 | 古树位置 | 树龄（年） | 简要信息 |
| --- | --- | --- | --- | --- |
| 3 | 神柏<br>110101A00968 | 东城区劳动人民文化宫北琉璃门西南侧 | 600 | 栽植于明代，紫禁城建设的见证者 |
| 4 | 密云范公柏<br>110128A00062 | 密云区白云村内 | 510 | 范承勋为其作诗《古柏颂》 |
| 5 | 故宫人字柏<br>110101A01884 | 故宫御花园 | 400 | 乾隆授意所植 |
| 6 | 植物园樱桃沟石上柏<br>110131A13538 | 国家植物园曹雪芹纪念馆北的樱桃沟尽头崖壁旁 | 400 | 曹雪芹笔下神瑛侍者和绛珠仙草的灵感来源 |

## （一）上方山柏树王

位于房山区上方山国家森林公园吕祖阁内，树高为 23 米，胸围 510 厘米，冠荫如盖，其枝叶能荫庇大半个院观（图 3-14）。俗话说，“先有柏树王，后有吕祖阁”。据推测，吕祖阁是元代修建，而这株 1600 余年的柏树应为晋代所植。

图 3-14　上方山柏树王

相传，在很久以前，山下有两个村民，趁着夜幕想要偷偷上山砍伐柏树卖钱，刚锯了几下就引来猛烈的山风，如山间兽吼，吓得他们将手上的斧锯都掉落地上。当他们准备撤退时往地上一摸，便觉一片黏糊，仔细一看，锯口处红艳艳一片。两人吓得急忙跪在地上祷告求饶。第二天，人们惊奇地发现树上起了一个大疙瘩，人们猜测这是柏树因为砍树的二人祷告虔诚，没有迁怒他们，但又无处释放怒火，便长了一个大“瘤子”。如今，这株古柏已经成为当地的地标，更像是一位保佑四方的“老神仙”。

## （二）中山辽柏

中山辽柏位于中山公园内南坛门和外垣墙外，这里共有 7 株侧柏古树，树龄已有 1000 多年，相传是中山公园前身辽代兴国寺时遗物，因此被称作“辽柏”。

这 7 株古柏以南坛门为界，门外以东为 5 株，以西为 2 株，一字排开（图 3-15）。它们形态各异，各具特色。东侧第一株树高 15 米，平均冠幅 16.2 米，树冠庞大，树干笔直（图 3-16）；第二株树高 10 米，平均冠幅 15.2 米，各枝杈为螺旋状，缠绕出多个干结；第三株临近地面处就开始分叉，像多棵小树长在一起，树高 15.6 米，平均冠幅 16 米；第四株，树高 18.7 米，平均冠幅 21 米，胸围 625 厘米，是最粗壮的一株，需四人合抱才可环树一周（图 3-17）；第五株在南坛东门外的甬道东侧路边，树干笔直，树高 16.6 米，胸围 560 厘米，平均冠幅 15.5 米；第六株在南坛门外的甬道西侧，树高 13 米，平均冠幅 14.5 米，长势较好；最后一株在祭坛西南角，高 12 米，胸围 504 厘米，因部分枝干损伤，平均冠幅仅为 10.5 米。

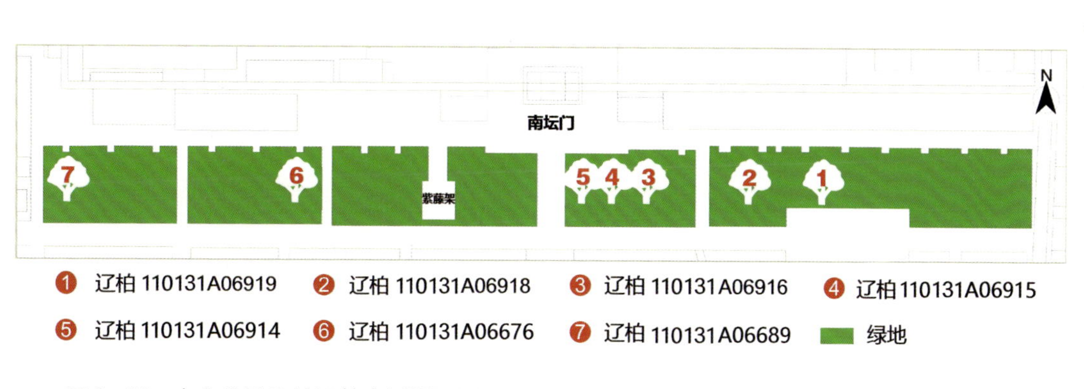


图 3-15　中山公园 7 株辽柏古树平面图

图 3-16 中山辽柏（110131A06919）

图 3-17 中山辽柏（110131A06914）

## （三）劳动人民文化宫神柏

神柏，位于劳动人民文化宫琉璃门西南侧绿地，树龄约 600 年，为一级古树，树高 11 米，胸围 427 厘米，枝杈虽少，却很茂密，树冠遮蔽范围很大。古柏苍翠遒劲，孤植在道路边，相传为明成祖朱棣亲手所植，是劳动人民文化馆中一处独特的文化遗迹（图 3-18）。

图 3-18 神柏

劳动人民文化宫前身为太庙，始建于明永乐十八年，相传太庙建设之初，就开始在院内遍植柏树，但因原址土质贫瘠，三次栽种均未成活。一工匠提议将太庙内沙土与宫城外东北角沃土互换，并恳请皇帝亲手栽植第一株柏树，如此这般，果然成活，而后栽植的其他柏树也都顺利成活。人们认为是皇帝福荫所致，便称此柏为“神柏”。后来历代皇帝均对“神柏”崇敬有加，太庙祭祖经过此树时必下轿或下马。宫城东北角也因此事得名“沙滩”。

## （四）密云范公柏

范公柏位于密云区北部的白岩村，为一级古树，树龄 500 多年，树高 8.5 米，胸围 400 厘米，树冠如同对称的椭圆心形（图 3-19）。其所在地曾是一座寺庙——宝泉寺，如今是一所幼儿园，只有树下尚存的石鼓门墩表明这里曾是一座庙宇（图 3-20）。相传在康熙年间，这株柏树曾经枯萎过，于是寺内住持决定将其以 80 两黄金的价格卖掉，用来修缮大殿。正巧太子太保范承勋路过，欲将其购作母亲寿木，但得知当地老百姓都奉它为“神树”后，放弃了此念头，并把买树的钱捐给寺院。没承想，经此事后柏树竟又有了生机，并且逐年茂盛，人们为感激恩公范承勋的善举，就称这棵柏树叫作“范公柏”。十多年后范公再次路过宝泉寺，见树叶繁茂，为其作《古柏颂》一首，当地群众便将其刻在汉白玉石碑上立在古树一旁，铭记这段故事（图 3-21）。

图 3-19 密云范公柏

图 3-20 密云范公柏（马俊云 摄）

图 3-21　密云范公柏石碑

## （五）故宫人字柏

故宫内的人字柏共有 6 株：御花园万春亭东西南北四个门前各 1 株，千秋亭北 1 株，中轴线上的天一门内也有 1 株（图 3-22）。其中万春亭北的人字柏，树干劈开处最上部恰好劈在一个侧枝上，姿态奇特，与攀缘其上的紫藤组成了“古柏藤萝”的御园佳景（图 3-23）。

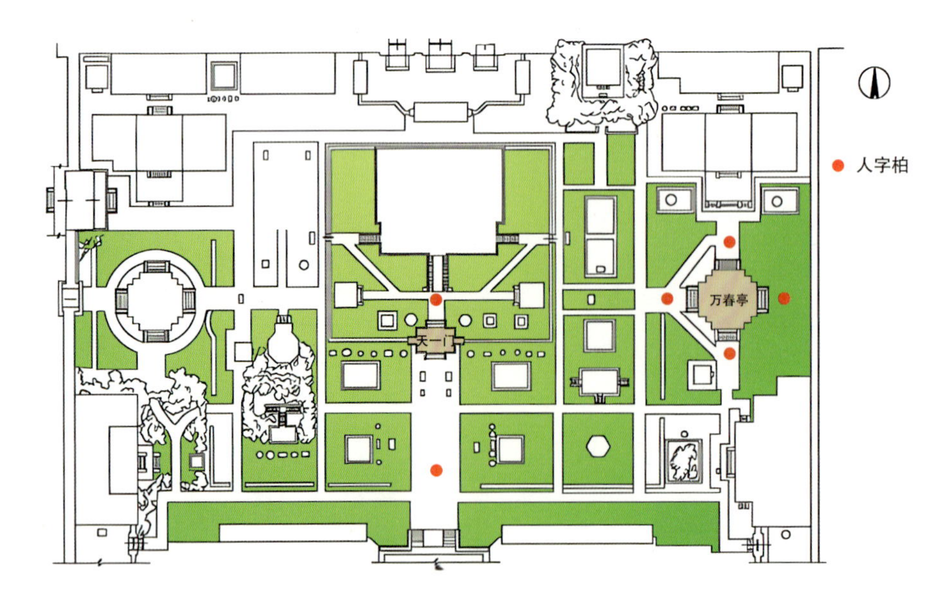


图 3-22　故宫御花园人字柏分布图

人字柏，因其树形似“人”字而得名。人字柏通常是由一株树木通过造型而形成的，即从树干一侧劈开，分栽至两个树池内，分开的两个树干胸径相差悬殊。也有的是将一大一小两棵并列生长的树，在一定高度刮去部分树皮后绑在一起，上部逐渐形成一根树干，下部成为“人”字形。人字柏成活率极低，因其稀少，其观赏价值也随之增加。古代皇家宫苑中喜欢种植人字柏，寓意天人合一，更是园林种植技术的杰作。

图 3-23 故宫人字柏

## （六）植物园樱桃沟石上柏

石上柏位于海淀区国家植物园樱桃沟尽头石刻“水源头”的一处崖壁旁。这株古柏生长在一块带有巨大裂缝的石头之中，因松柏相近，又叫“石上松”，树龄约 400 年，为一级古树。树高 10 米多，胸围约 110 厘米，部分树根暴露在外，其上又密生小根（图 3-24、图 3-25）。

沟崖之上，巨石之中，生命力如此顽强，怎能不令人遐思？据传，清代文学家曹雪芹在西山脚下居住时，多次到樱桃沟寻古探幽。当他看到石上柏时，受此启发，构思了贾宝玉和林黛玉的爱情故事——“木石前盟”。

明代漕运总督毛锐曾寻游至此，赋诗：“僧于险处庵，依石依松立。出地水迟疑，相观坐环曲。”清代进士孙承泽隐居樱桃沟时所著《春明梦余录》中对石上松如是记述：“独岩口古桧一株，根出两石相夹处，盘旋横绕，倒挂于外，大可数百围。色赤如丹砂，夫人不能拊虬龙而谛视之，使得谛视，当如此桧矣。是又岩中之奇者也。”

图 3-24　国家植物园石上柏

图 3-25　国家植物园石上柏

## 二、油松

油松，松科松属乔木，中国特有树种。油松树形雄壮，针叶翠绿，适合园林观赏，也可作行道树。松在人们心目中是“百木之长”，古籍中有载“如松柏之有心也……故贯四时而不改柯易叶。”所以，松除了是一种长寿的象征外，也常常作为有志有节的代表。“松鹤延年”则寓意高洁、长寿、吉祥。油松本身也是长寿树种之一，所以北京的油松古树数量比较多，排在侧柏后位列第二，占北京古树总量的约 16%。北京市著名油松古树基本信息见表 3-3 所列。

表 3-3　北京市著名油松古树基本信息

| 序号 | 名称树号 | 位置 | 树龄（年） | 简要信息 |
|---|---|---|---|---|
| 1 | 抱塔松<br>110109A00785 | 门头沟区戒台寺戒台殿后院 | 1010 | 抱塔听法 |
| 2 | 遮荫侯<br>110131A05185 | 西城区北海公园团城崇光殿东侧 | 850 | 乾隆御封古树 |
| 3 | 盘龙松<br>110114A00098 | 昌平区延寿镇延寿寺 | 810 | 华北第一奇松 |
| 4 | 卧龙松<br>110109A01588 | 门头沟区戒台寺 | 1010 | 石碑“卧龙松”为摄政王奕䜣题写 |
| 5 | 听法松<br>110131A08552（西）<br>110131A08553（东） | 海淀区香山寺天王殿前 | 310 | 清代静宜园著名的“二十八景”之一 |

## （一）戒台寺抱塔松

抱塔松位于门头沟区戒台寺戒台殿后院南侧，法均大师舍利塔西侧。栽植于辽代，是一株有 1010 年树龄的一级古油松，树高 2.5 米，胸围达 305 厘米。这株古松姿态奇绝，主干向古塔方向横向生长，树冠越过栏杆伸展，仿佛一条巨龙伸出前爪奋不顾身扑抱着古塔，而这座塔，是戒台寺“开坛演戒”祖师法均大师的墓塔，因此被命名为抱塔松（图 3-26）。

古人有诗云：“怒涛夜吼雷雨声，抱塔龙松啼月黑。”传说抱塔松本为天上神龙，奉命守卫当时的高僧法均。法均大师圆寂后葬到这座墓塔中。一天夜里，突然狂风骤雨、电闪雷鸣，眼看墓塔即将被击倒，神龙舍生忘死，奋力扑过去用前爪护住灵塔，于是有了如今“松抱塔”的奇观。

图 3-26　戒台寺抱塔松

图 3-27　遮荫侯（陈春萌　摄）

## （二）北海团城遮荫侯

遮荫侯位于北海公园团城崇光殿东侧，植于金代，是一株有着约 850 岁高龄的古油松。古树树高 7 米，胸围 323cm，平均冠幅 9 米。古树树干向南倾斜，姿态古拙苍劲，冠如亭亭华盖（图 3-27）。

相传，乾隆皇帝经常来北海游玩。有一次乾隆皇帝游北海时来到团城。时值夏季正午，室内闷热难耐，于是皇帝命人在油松树下摆上桌椅，纳凉休息。油松如擎起的一把巨伞为皇帝提供了阴凉。树下清风拂面，暑汗全消，乾隆皇帝非常高兴，于是效仿汉武帝封“五大夫松”的典故赐予这株油松“遮荫侯”的封号。“遮荫侯”和团城上另一株被封的古树“白袍将军”一起成为北海团城上著名的“文臣武将”，书写了皇帝爱树的一段佳话。

## （三）延寿寺盘龙松

盘龙松位于昌平区延寿镇的延寿寺风景区内。寺庙以奇松、清泉、碧玉佛三宝而闻名，这其中的“奇松”指的就是这株古油松，树龄约为 810 年，为一级古树，有两个交错的主干，匍匐于地面，似迎客松招手欢迎，更似祥龙静卧，占据大半个院落。经历代僧人精心维护修剪，枝干交叠，层次清晰生动，被誉为“华北第一奇松”（图 3-28、图 3-29）。

据说，原来盘龙松有 99 个杈，共有九层，如今的盘龙松只有当年的五分之一。盘龙松其状其形巧夺天工，似苍龙盘舞，如动若静，奇美无比，为历代高僧整形所致。

图 3-28 延寿寺盘龙松(赵衿艺 摄)

图 3-29 延寿寺盘龙松(赵衿艺 摄)

相传,清末时地处深山的昌平冬季经常下大雪,由于该树冠大如巨伞,树上白雪皑皑,树下无雪。一日延寿寺失火,大火烧毁了寺庙和周围的山林,而“盘龙松”却安然无恙。

图 3-30 戒台寺卧龙松

## （四）戒台寺卧龙松

卧龙松位于门头沟区戒台寺千佛阁台阶下，植于辽代，是一株树龄约 1010 岁的古油松，为一级古树。古松高约 5 米，平均冠幅约 11 米。卧龙松的枝干遒劲，树形优美，鳞片斑驳的树干宛如硕大而粗壮的龙身，悠然躺卧在石雕栏杆上，恰似一位老龙正在舒适地休息（图 3-30）。

树下一块石碑上镌刻着“卧龙松”三个字，为清代恭亲王奕䜣亲自题写。据传，晚清时期恭亲王奕䜣因内部权力争斗选择在戒台寺养疾避难整整十年。在这段漫长的时光里，他经常伫立于这株卧龙松下。奕䜣认为自己宛如“潜水龙被困沙滩”，就像这棵卧龙松一样，静卧于古刹之中，伺机腾飞。因此，他亲自题写了“卧龙松”三个大字，镌刻于卧龙松下的石碑上。

## （五）香山听法松

听法松位于香山公园香山寺天王殿前，植于明代，是一对有着约 310 年树龄的古油松。两株古树南北对立，高度均约 12 米，姿态苍劲，似在阶前听高僧说法，因此得名“听法松”，是清代静宜园著名的“二十八景”之一（图 3-31）。

“听法松”之名来源于乾隆皇帝《御制听法松诗》：

山多桧柏，惟香山寺殿前有松数株，虬枝秀挺。山门内一松尤奇古，百尺乔耸，侧立回向。自殿中视之，如偏袒阶下，生公石不得专美矣。

图 3-31 香山听法松

点头曾有石，听法讵无松。

籁响疑酬偈，枝拏学扰龙。

佛张苍翠盖，僧倚水云筇。

比似灵岩寺，何劳摩顶重？

读懂这首诗，还要从“生公石”、“点头石”的典故说起。据记载，东晋虎丘山上的高僧——道生，认为石亦有佛性，便收石为徒，为石讲经，讲得群石“点头”。乾隆皇帝认为“生公石不得专美”，松树亦可听法，遂命名“听法松”，尽显幽远的意境之美。

## 三、桧柏

桧柏，即圆柏，柏科刺柏属常绿乔木。原产于中国。在中国历代各地均广泛作为庭院树栽植，具有较好的观赏价值。桧柏古树是北京市数量排第三的古树，约占北京古树总量的 13%。北京市著名桧柏古树基本信息见表 3-4 所列。

表 3-4 北京市著名桧柏古树基本信息

| 序号 | 古树名称及编号 | 古树位置 | 树龄（年） | 简要信息 |
|---|---|---|---|---|
| 1 | 虬龙柏<br>110131A06188 | 西城区景山公园后山万春亭 | 810 | 因清代皇帝宠物猫得名 |
| 2 | 孔庙触奸柏<br>110101A02176 | 东城区孔庙大成殿月台下 | 700 | 刮掉奸臣帽子 |
| 3 | 天坛问天柏<br>110131A03551 | 东城区天坛公园皇穹宇西 | 510 | 问天姿态 |
| 4 | 连理柏<br>110101B01942 | 东城区故宫御花园天一门外 | 200 | 寓意天人合一 |
| 5 | 二将军柏<br>110131A05965（南）<br>110131A05964（北） | 西城区景山公园牡丹园东 | 810 | 南北两株，康熙封 |

图 3-32 虬龙柏

## （一）景山公园虬龙柏

虬龙柏，位于北京市西城区景山公园后山万春亭上，树龄约 810 年，为一级古树，树高约 10 米，平均冠幅 6 米，胸围 300 厘米，树身上长有很多树瘤，起伏不平，近地处的树瘤颇似一只匍匐的顽皮小猫（图 3-32）。

相传，嘉靖皇帝十分喜爱猫，挑选了“眉毛似雪洁白”和“仿佛小狮子一样怒目圆睁”的名叫“霜眉”、“狮猫”的两只漂亮小猫咪，还册封霜眉为“虬龙”、狮猫为“狮虎”。其中“虬龙”非常聪明，皇帝尤为喜爱。后来，御猫“虬龙”去世，嘉靖十分伤心，将其葬于万岁山（今景山）古柏之下，并立“虬龙冢”碑为纪念（现碑已不在），这株古柏也因此得名“虬龙柏”。

## （二）孔庙触奸柏

触奸柏也称除奸柏，位于东城区孔庙中轴线最重要的建筑大成殿月台下西侧，相传为金末元初著名理学家、国子监祭酒许衡（1209—1281）所植，树龄 700 余岁，为一级古树，是孔庙历史最悠久的古树之一。这株古桧柏高 12 米，胸围 547 厘米，平均冠幅约 15 米，树干刚劲雄健，枝叶苍翠葱郁，尽显饱经风霜的沧桑之美，具有极高的景观价值（图 3-33 至图 3-35）。

相传明嘉靖年间，一次，奸臣严嵩代替皇帝来孔庙祭祀，经过这株柏树时，突然狂风骤起，柏枝摇动，一枝伸出来的古柏枝“摘”掉了严嵩的官帽，吓得他仓皇逃走，

图 3-33　触奸柏

图 3-34　触奸柏

图 3-35　触奸柏

图 3-36　问天柏

祭孔也没有祭成。人们认为此柏树具有智慧，能辨忠奸，于是为柏树取名“除奸柏”。又传明天启年间，宦官魏忠贤也代替皇帝来孔庙祭祀。他路过此柏树时，一阵大风突然刮起，掉落的枝条刚好打中魏忠贤的头。此后，人们也称此柏树为“触奸柏”。触奸柏被赋予人的智慧与情感，书写了一段传奇佳话。

### （三）天坛问天柏

问天柏，位于东城区天坛公园内皇穹宇西侧，树龄约510 年，为一级古树。树高 11 米，胸围 280 厘米，近垣而生，枯干冲天（图 3-36）。

它本没有名字，是天坛公园 3500 余株古柏中非常普通的一株。据说，1986 年一名游客前来参观时，在一众柏树里发现了它，其树顶两枯枝一前一后、一垂一扬的气势，恰似一名峨冠宽袖、衣带飘动的古人昂首挥袖，面向苍穹时抒发慷慨诘言之魄。故以“屈原问天”题其景，遂有“问天柏”之嘉名。

新中国成立后，也有人认为天坛公园面积太大，应当将其中古树砍去只留祈年殿等建筑，但负责祈年殿维修的林徽因明确反对并力保这些古树，也正是由于这些古树的存在，天坛公园才能保持森严肃穆的氛围。

## （四）故宫连理柏

故宫连理柏，位于东城区故宫御花园天一门外，相传为清乾隆皇帝授意栽植，树龄约200年。该桧柏为两株，位于故宫中轴线两侧，由园艺师傅刻意造型而成。古桧柏高9.4米，胸围161厘米，平均冠幅在6.6米左右。两株柏树距离较近，主干向上直立生长，各有一条大枝朝另一株柏树倾斜约同等弧度，仿佛伸出手臂拥抱对方（图3-37）。

图3-37 连理柏

连理柏相互依靠，在中轴线上形成"拱门"，成为御花园中轴线空间序列中的重要组成部分。许多来御花园游览的游客在树前合影留念，寄托对美好爱情的期许。

## （五）景山公园二将军柏

二将军柏，位于西城区景山公园的牡丹园东侧、观德殿南侧，为一南一北两株桧柏。两株古柏均为明代栽植，已有810年历史，为一级古树。南侧一株树高约12米，胸围268厘米；北侧一株高约12米，胸围318厘米。两古柏苍翠挺拔，如高大威猛、意气风发的两位将军守护着观德殿（图3-38）。

"二将军柏"之名颇有来头。据记载，明清时期，古柏所在地为皇家御用演武场，

图 3-38　二将军柏

是皇子练习骑射的场地。皇帝演武时所骑的马匹就拴在两株柏树东侧的御马圈中。康熙皇帝常在观德殿考验皇子的骑射技艺，还曾通过此种方式进行人才选拔和任用。为提倡忠勇神武、纯心取义和亮节成仁的精神，康熙皇帝为观德殿东侧护国忠义庙题写了“忠义”匾额，并将庙前的两株并立古柏命名为“二将军柏”。

## 四、国槐

国槐，豆科槐属落叶乔木。原产中国北部，生长于高温高湿的华南、西南地区，以黄河流域华北平原及江淮地区最为常见。国槐是北京市市树，也是北方常见乡土树种之一，属高大乔木，树形挺拔，树冠优美，花芳香，生长旺盛。在北京，国槐主要作为行道树栽植于主干道上，也常作为景观树栽植于住宅区、公园等地。北京的国槐古树有 3000 多株，数量位于侧柏、油松、桧柏之后，排第四位，是北京数量最多的阔叶树古树。北京市著名国槐古树基本信息见表 3-5 所列。

表 3-5 北京市著名国槐古树基本信息

| 序号 | 古树名称及编号 | 古树位置 | 树龄(年) | 简要信息 |
|---|---|---|---|---|
| 1 | 柏崖厂汉槐<br>110116A03108 | 怀柔区雁栖湖生态发展示范区内 | 2000 | 北京树龄最长的国槐 |
| 2 | 罗锅槐<br>110101A02083 | 东城区国子监辟雍水池汉白玉栏杆西 | 700 | 形似刘墉,皇帝赐名 |
| 3 | 歪脖槐<br>110131A13125 | 海淀区国家植物园曹雪芹纪念馆 | 330 | 门前古槐歪脖树,小桥流水野芹麻 |
| 4 | 状元槐<br>110105B00260 | 朝阳区东岳庙育德殿东 | 160 | 状元祈福 |

## (一)怀柔柏崖厂汉槐

柏崖厂汉槐,位于怀柔区雁栖河西岸柏崖厂村旧址,现雁栖湖生态发展示范区内。据专家考证,这株古槐树龄约 2000 年,栽植于汉代,为一级古树,是北京最古老的国槐古树。古槐高约 9.5 米,胸围 585 厘米,冠幅约 13 米。栢崖厂村成村于明朝初年,因后山长满苍翠的柏树,得名“柏崖厂”。先有树,后有村,村庄以古槐树为中心而建,古槐是村民寄托乡愁的重要载体。据《柏崖厂村志》记载,古槐曾遭遇雷火、场院着火两次劫难,均幸免于难,顽强地生存下来。如今,古槐主干虽已中空,但主干四周的大枝形成了新的树冠,依然枝繁叶茂、生机勃勃(图 3-39 至图 3-41)。

据传,村民和古槐还曾有过生死相依的故事。很久之前,村里闹饥荒,又遭遇鞑靼人抢掠,村民绝望地在古槐下商议逃离村庄。古槐仿佛听懂了村民的苦难,一夜之间开出满树槐花,村民纷纷到树下采摘槐花为食,很快槐花就被采光了。第二天奇迹出现了,槐树竟然重新开出满树槐花。就这样,古槐不断开花,使村民绝处逢生,安然度过了危机。此后,村民将古槐奉为神树,爱戴有加。

如今,因国际会都建设,村庄已拆迁,这株汉槐被保留下来,建成“老圃问槐”景点。

图 3-39　柏崖厂汉槐（赵衿艺 摄）

图 3-40　柏崖厂汉槐（赵衿艺 摄）

图 3-41　柏崖厂汉槐（赵衿艺 摄）

图 3-42 罗锅槐

## （二）国子监罗锅槐

罗锅槐，位于东城区国子监辟雍水池汉白玉栏杆西侧，据传栽植于元代，已有 700 年历史，为一级古树。经测量，这株古国槐高约 17 米，胸围 420 厘米，平均冠幅 18.5 米（图 3-42）。

周代起有“面三槐，三公位焉”之说，即在皇宫大门外种植三棵槐树，分别代表太师、太傅、太保的官位，因此，槐树被视为“公卿大夫之树”。周代流行在太学内外广植槐树，后来历代国子监均沿袭周礼之制。孔庙和国子监始建于元代，据记载，元明时期，国子监有槐、柏二百余株，以槐树居多。到了清代，国子监中很多古槐被移植到其他地方，这株罗锅槐是有幸保留下来的其中一株。

相传辟雍于清乾隆年间修建，竣工时皇帝亲临视察，见此槐主干成罗锅状，上部向南倾斜，形似刘墉（刘墉外号刘罗锅），遂得名“罗锅槐”。

## （三）植物园曹雪芹纪念馆歪脖槐

歪脖槐，位于国家植物园曹雪芹纪念馆门口，是一株主干自西向东南倾斜，又在主干顶端直立生长的国槐古树，树龄约 330 年，为一级古树，高约 10 米，姿态奇妙，并且还是考证曹雪芹故居的有力佐证（图 3-43）。

曹雪芹纪念馆建于 1984 年，是以原来曹雪芹故居——香山正白旗 39 号院和周边的房屋为基础建立起来的。早在 20 世纪 60 年代，红学专家们根据资料来到

图 3-43 歪脖槐

香山一带实地探寻曹雪芹的故事。当吴恩裕一行人采访到村中的张永海老人时，老人提到曹雪芹住在四王府的西边，并指出地藏沟口的左边靠近河的地方，至今还有一棵 200 多年的大槐树。后来经过专家胡德平先生的考证，发现整个正白旗村只有 39 号院（现曹雪芹纪念馆）门前栽有古槐树。尽管关于曹雪芹故居一直存在着诸多争论，但香山一带有这样两句小曲一直流传至今："门前古槐歪脖树，小桥流水野芹麻"，因此，这棵"歪脖槐"就成为确定曹雪芹故居有力的证据之一。

### （四）东岳庙状元槐

状元槐，位于朝阳区东岳庙内的育德殿东侧，是一株有着 160 年树龄的古槐树，为二级古树。古国槐高约 12.3 米，胸围 240 厘米，平均冠幅约为 10.75 米（图 3-44、图 3-45）。

那么古槐的"状元"之名又是如何得来的呢？这要从中国最后一位科举状元刘

图 3-44 状元槐

图 3-45 状元槐

春霖说起。相传，光绪三十年（1904 年），刘春霖进京赶考。考前他来到东岳庙参拜主管科举考试、掌管桂籍的文昌帝君，还在庙中一株槐树下做了一个考取状元的梦。后来刘春霖果然高中状元。虽然就在刘春霖中状元后的第二年，延续一千多年的科举制度被废除，但如今仍有很多人来到“状元槐”下祈福。这株古槐的主干和栏杆上系着很多祈福的红色丝带，承载着人们金榜题名、学业有成的美好愿望。

## 五、白皮松

白皮松，古称栝子松，松科松属乔木，有明显的主干，枝较细长，斜展，塔形或伞形树冠；冬芽红褐色，卵圆形，无树脂。雄球花卵圆形或椭圆形，球果通常单生，成熟前淡绿色，熟时淡黄褐色，种子灰褐色，近倒卵圆形，赤褐色，4–5 月开花，第二年10–11 月球果成熟。白皮松是中国特有树种之一，树形多姿，苍翠挺拔，四季青翠葱郁，枝条稠密均匀，挺拔向上生长。幼树树皮光滑，灰绿色，大树树皮不规则鳞片状剥落，剥落处灰绿白色，以后长期为白色，斑斓如白龙，别具特色。为华北地区城市和庭园绿化的优良树种。白皮松寓意正直、忠诚，象征着坚强不屈、力争上游、屹立不倒。白皮松也是北京地区种植比较多的长寿树种之一，古树数量近 900 株，排第五，占北京市古树总量的约 2.15%。北京市著名白皮松古树基本信息见表 3-6 所列。

表 3-6 北京市著名白皮松古树基本信息

| 序号 | 古树名称及编号 | 古树位置 | 树龄（年） | 简要信息 |
|---|---|---|---|---|
| 1 | 九龙松<br>110109A01589 | 门头沟区戒台寺戒坛院门前 | 1300 | 北京十大最美树王 |
| 2 | 白龙松<br>110107A00258<br>110107A00259 | 石景山区法海寺森林公园大雄宝殿南 | 1000 | 双龙一柏 |
| 3 | 白袍将军<br>110131A05171 | 西城区北海公园团城承光殿东南侧 | 850 | 乾隆御封 |

## （一）戒台寺九龙松

九龙松，位于门头沟区戒台寺戒坛院门前，植于唐代，是一株有着约 1300 年树龄的古白皮松。这株古白皮松高约 18 米，胸围达 685 厘米。九龙松是“戒台五松”中历史最悠久的一株。

古人视白皮松为“白龙”、“神龙”，这株白皮松从主干基部即分为九股，犹如九条神龙凌空，因此人们称其“九龙松”。九龙松是北京地区最古老的白皮松，入选北京“最美十大树王”（图 3-46、图 3-47）。

## （二）法海寺白龙松

白龙松，位于石景山区法海寺大雄宝殿南侧，植于辽代，为一级古树，是两株树龄约 1000 年的古白皮松。东侧的古白皮松高约 18.7 米，胸围 425 厘米，平均冠幅 15.8 米；西侧的古白皮松高约 19.2 米，胸围 560 厘米，平均冠幅 19.95 米（图 3-48）。

图 3-46　九龙松

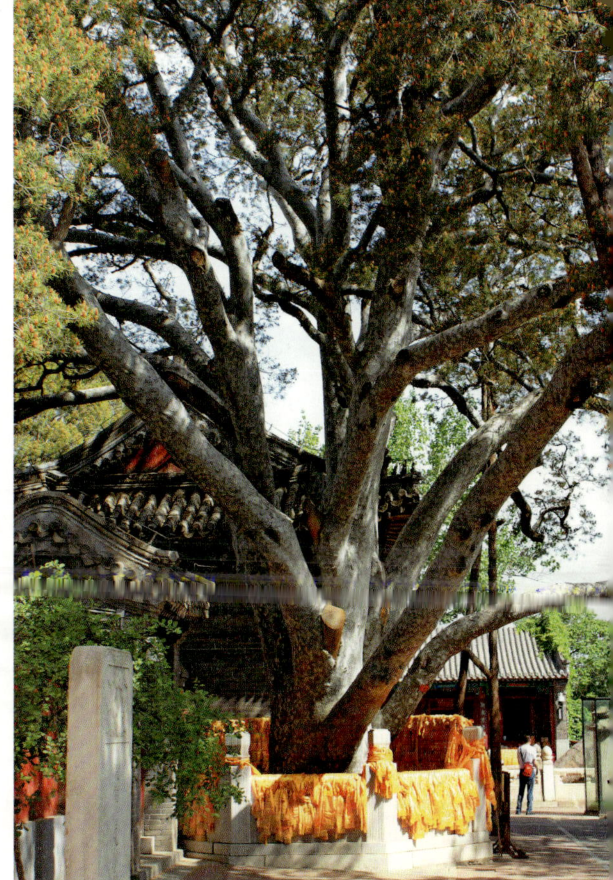
图 3-47　九龙松

模式口村百姓中一直流传着“先有白皮松，后建法海寺”之说，可见当时两株古树景观特色突出，人们遂以古树确定中轴线修建寺庙。两株白皮松为对植，高耸挺拔，顾盼生辉，相得益彰。更让人啧啧称奇的是，其树干雪白，树冠苍翠，蓝天下与红墙灰瓦的大殿相映生辉，有着极为震撼的视觉效果。白皮松自古以来被人们视为“神龙”、“白龙”，这两株古树好似两条白龙守护着大殿，被称为白龙松。

西侧白皮松旁还栽植有一株树龄约 300 年的古桧柏，两株古树间距很近，树干一深一浅，树冠交织缠绕，形成松柏相依的奇观。

### （三）北海公园白袍将军

白袍将军，位于北海公园团城承光殿东南侧，植于金代，为一级古树，是一株树龄约 850 年的古白皮松。古树高约 13 米，胸围 550 厘米，平均冠幅 15 米。古白皮松高大挺拔、姿态优美，雪白的树干和翠绿的枝叶在蓝天和红墙碧瓦古建筑的映衬下显得威风凛凛（图 3-49）。

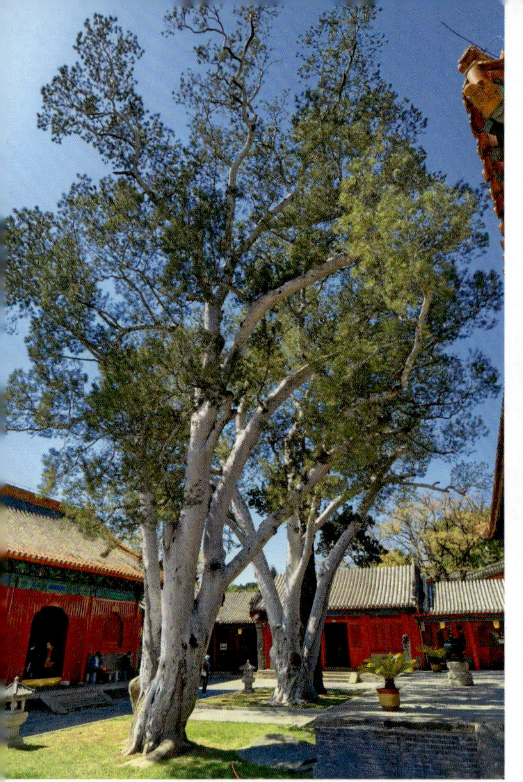

图 3-48　法海寺白龙松（翟硕　摄）

图 3-49　白袍将军（陈春萌　摄）

相传乾隆皇帝来团城游览，为古油松赐名遮荫侯，又抬头看到这株英姿潇洒、气宇轩昂的白皮松，不禁想起唐太宗、高宗时“三箭定天山”的白袍将军薛仁贵，便御封其为“白袍将军”，还为其写了一首《承光殿古栝行》：“……春朝绿云参青天，秋夕碧月流阴皑。灵和之柳非伦比，沧桑阅尽依然佳。”据传，朝廷还给白袍将军发放俸米，相当于朝廷要拿出一定数量的经费用于这株古树的保护。

## 六、银杏

银杏，银杏科银杏属落叶乔木，最早出现于 3.45 亿年前的石炭纪。银杏是我国特有种，主要分布于温带和亚热带气候区，以山东、浙江、江西、安徽、广西、湖北、四川、江苏、贵州等省份最多。银杏寿命长，其叶形似扇，古雅奇特。树体高大挺拔，树干通直，姿态优美，春夏翠绿，深秋金黄，具有较高的景观价值、生态价值、文化价值等。银杏在佛教、道教中被认为“圣树”，广为栽植，往往一雄一雌对植于重要建筑庭院中。也多用作园林绿化、行道树及田间林网、防风林带树种。北京的银杏古树有 400 多株，古树数量位列第六位，约占北京古树总量的 1%，也是北京数量排第二的阔叶树古树。北京市著名银杏古树基本信息见表 3-7 所列。

表 3-7 北京市著名银杏古树基本信息

| 序号 | 古树名称及编号 | 古树位置 | 树龄（年） | 简要信息 |
| --- | --- | --- | --- | --- |
| 1 | 帝王树<br>110109A00677<br>配王树<br>110109A00676 | 门头沟区潭柘寺毗卢阁外 | 1310 | 入选北京“最美十大树王”，乾隆钦赐封号 |
| 2 | 关沟大神木<br>110114A00281 | 昌平区居庸关外四桥子村石佛寺遗址 | 1200 | 著名的关沟七十二景之一 |
| 3 | 红螺寺雌雄银杏<br>110116A01051 | 怀柔区红螺寺大雄宝殿南 | 1100 | 夫妻树 |
| 4 | 大觉寺银杏<br>110108A03729 | 海淀区西山大觉寺无量寿佛西 | 910 | 植于辽代，乾隆为其赋诗 |
| 5 | 北孙各庄“夫妻”银杏<br>110113A00008<br>110113A00009 | 顺义区牛栏山镇北孙各庄村后街广场 | 910 | 植于辽代，顺义历史最悠久古树，见证了大觉寺的兴衰 |
| 6 | 李自成拴马树<br>110108A01906 | 海淀区紫竹院公园北门西侧 | 600 | 植于元代，李自成攻打北京时拴马于此树 |

## （一）潭柘寺帝王树

潭柘寺，位于门头沟区东南部的潭柘山麓。寺庙始建于西晋永嘉元年（307年），坐北朝南，规模宏大，多达900多间殿堂，是北京地区最早的一座寺庙，已有1700多年的历史。该寺最早叫作“嘉福寺”，因以龙潭和柘树而闻名，改为如今我们所熟知的“潭柘寺”。要说潭柘寺里出名的，不仅有千年的文物古迹，还有寺中各殿前的古树。毗卢阁前东西两侧名为“帝王树”、“配王树”的两株古银杏更是弥足珍贵。相传这两株银杏为唐代贞观年间所种，算下来已有1310多岁，高大挺拔，气势磅礴。位于东侧的帝王树，高耸入云，姿态雄奇，浓荫广覆，树高逾24米，胸围930厘米，六七个成年人才可合抱，令人叹为观止。清代富察敦崇在《燕京岁时记》（成书于1906年）中对潭柘寺帝王树有这样的描述：“有银杏树者，俗曰帝王树，高十余丈，阔数十围，实千百年物也。”可见清代时期帝王树的景观风貌。位于西侧的配王树，高约 16 米，胸围 440 厘米，同样十分高大。相传，乾隆第一次来到潭柘寺，见殿前银杏树十分高大，又通过寺内档案得知其中一株竟为唐代所种，如此珍贵而又特殊，颇感惊讶，于是赐名东边这株树龄稍大些的为“帝王树”，另一株为“娘娘树”，当得知西侧那株与东侧一样都为雄树后，便将西侧那株改封为“配王树”。奇怪的是，相传自这两株银杏被乾隆赐封之后，每有一位老皇帝驾崩，帝王树就会有一段树杈折断，而每当一个新皇帝登基，帝王树上又会长出新的侧枝，并逐渐和老干合为一体。

图 3-50　帝王树

图 3-51　配王树

如今，帝王树被选为北京“最美十大树王”，并入选全国“双百”古树，在十株入选银杏中排名第一。

## （二）关沟大神木

关沟大神木，位于昌平区居庸关外四桥子村石佛寺遗址内，植于唐代，为一级古树，是一株树龄1200余年的古银杏。古树高18余米，胸围约740厘米。关沟大神木独木成景，是著名的关沟七十二景之一。该古银杏所在地原为石佛寺，如今寺庙虽已不存，但古银杏仍郁郁葱葱，硕果累累（图3-52）。

图3-52 关沟大神木（赵衿艺 摄）

关于“神木”名称的由来还有一个传说。古树南侧曾有一尊石佛，面朝大树。有一天，有人挪动石佛，使其背对大树。第二天清晨，人们惊奇地发现石佛又转身面向大树了。人们啧啧称奇，从此“神木”之名广为流传。

### （三）红螺寺雌雄银杏

雌雄银杏，位于怀柔区红螺寺大雄宝殿南侧，为一级古树，是一对树龄约 1100 年的古银杏。殿西的古银杏高 16 米，胸围 256 厘米，平均冠幅约 15.5 米，树冠巨大；殿东的古银杏高约 13 米，胸围 284 厘米，平均冠幅 13 米（图 3-53）。

图 3-53　红螺寺雌雄银杏（左雄右雌）

殿西的银杏为雄树，高大粗壮，殿东者为雌树，略微矮小。每到秋季，雄树金黄璀璨，雌树果实累累，两株古树相辅相成，彼此映照（图 3-54）。人们觉得它们像一对珠联璧合、伉俪情深的夫妻，称他们为“夫妻树”。延续千年姻缘的雌雄银杏，已成红螺寺最美丽的风景。

## （四）大觉寺银杏王

大觉寺银杏王，位于海淀区西山大觉寺无量寿佛殿东侧，植于辽代，为一级古树，是一株树龄约 910 年的古银杏。古树高 16 米，胸围 880 厘米，枝干挺拔，生机

图 3-54 雌雄银杏（左雄右雌；杨树田 摄）

盎然(图 3-55、图 3-56)。

古树为雄树,独木成林,浓荫覆盖了大半个庭院。乾隆皇帝曾为此树赋诗:“古柯不计数人围,叶茂枝孙绿荫肥。世外沧桑阅如幻,开山大定记依稀。”

图 3-55 大觉寺银杏

图 3-56 大觉寺银杏(孙熹 摄)

### (五)北孙各庄“夫妻”银杏

“夫妻”银杏,位于顺义区牛栏山镇北孙各庄村后街广场,是两株树龄约 900 年的古银杏,为一级古树,是顺义历史最悠久的古树(图 3-57)。一株树高 17 米,胸围 367 厘米;另一株树高 16 米,胸围 361 厘米;两树平均冠幅均为 10.5 米。

图 3-57 “夫妻”银杏(赵衿艺 摄)

2008 年,因基础设施改造,村民在古树附近发现一块汉白玉八棱碑,经专家鉴定,为辽代遗物。碑上记载了大觉寺建造的详细过程,明确其建造时间为辽道宗咸雍元年,即 1065 年。古树栽植时间应与古寺建造年代相当。古树东西并排,一雄一雌,位于原大觉寺中轴线两侧,现大觉寺已不存,两株古树依旧傲然屹立,枝繁叶茂,硕果累累。

目前，我们还可以看到从这两株古树根部萌蘖出的十余株幼树，树龄几十到几百年不等，仿佛“夫妻”银杏的“子孙”，紧紧依偎在古树周围。

“夫妻”银杏承载了孙各庄村村民的乡愁，是他们的情感寄托。现在古树周围建起了古树公园，成为村民休息、游憩、交往的重要场所。“夫妻”银杏将继续守护村庄，书写新的故事。

## （六）李自成拴马树

李自成拴马树，位于海淀区紫竹院公园北门西侧，是一株树龄 600 余年的古银杏，为一级古树。树高 18 米，胸围 875 厘米，树冠覆盖面积约 330 平方米（图 3–58）。每当深秋季节，树上树下一片金黄，如梦如幻。

这里曾是元代古刹镇国寺遗址，这棵古银杏就是当年寺内的遗物。相传，明末

图 3–58　李自成拴马树

时期，李自成率军起义打到北京，为了不在夜晚打扰村民，将战马拴于此树，在其冠下露宿，后人称该树为“李自成拴马树”。

## 第三节

# 北京特色树种古树故事

在北京，除了松柏等常见的古树以外，还有一些比较有特色的树种，如青檀、蜡梅、玉兰、枣树、丁香、海棠、流苏、紫藤、毛梾等，它们虽然数量不多，甚至有的树种只有一株古树，但是观赏价值、文化价值较高，非常珍贵（表 3-8）。

表 3-8 北京市特色古树基本信息

| 序号 | 古树树种及编号 | 古树名称 | 古树位置 | 树龄（年） | 简要信息 |
|---|---|---|---|---|---|
| 1 | 青檀 110114A00262 | 昌平古青檀 | 昌平区南口镇檀峪村檀峪沟 | 3000 | “树抱石” |
| 2 | 蜡梅 110131A13236 | 卧佛寺蜡梅 | 海淀区国家植物园卧佛寺 | 1300 | 千年蜡梅 |
| 3 | 枣树 110101A00191 | 文天祥祠古枣树 | 东城区府学胡同 63 号文丞相祠 | 800 | 臣心一片磁针石，不指南方不肯休 |
| 4 | 七叶树 110109A00684 | 潭柘寺娑罗树 | 门头沟区潭柘寺毗卢阁台阶下东侧 | 610 | 娑罗树 |
| 5 | 流苏 110128A00163 | 苏家峪流苏古树 | 密云区新城子镇苏家峪村 | 580 | 全市只有两株流苏古树 |
| 6 | 二乔玉兰 110109A00681 | 潭柘寺二乔玉兰 | 门头沟区潭柘寺毗卢阁前东侧 | 310 | 明朝时御赐树种 |
| 7 | 酸枣 110114A00294 | 昌平南口酸枣王 | 昌平区南口镇王庄村 | 410 | 北京现存树龄最大的酸枣树 |
| 8 | 枣树 110102A00549 | 西单古枣 | 西城区西单小石虎胡同蒙藏学校旧址内 | 360 | “京都古枣第一株” |

续表

| 序号 | 古树树种及编号 | 古树名称 | 古树位置 | 树龄（年） | 简要信息 |
|---|---|---|---|---|---|
| 9 | 玉兰 110108A03730 | 大觉寺古玉兰 | 海淀区大觉寺四宜堂 | 300 | 迦陵手植玉兰，是北京唯一一株一级玉兰古树 |
| 10 | 毛株 110129A00087 | 霹破石村毛株 | 延庆区大庄科乡霹破石村 | 310 | 北京唯一一株毛株古树 |
| 11 | 七叶树 110105A00035 | 高碑店通惠河畔娑罗树 | 朝阳区高碑店通惠河畔菩提园 | 310 | 从潭柘寺移栽而来 |
| 12 | 海棠 110102A01275 | 纪晓岚故居海棠 | 西城区珠市口纪晓岚故居 | 310 | 纪晓岚生活见证者 |
| 13 | 紫藤 110102A01276 | 纪晓岚故居紫藤 | 西城区珠市口纪晓岚故居 | 310 | 纪晓岚、老舍作诗歌咏紫藤 |
| 14 | 丁香 110109B00828 | 戒台寺丁香群 | 门头沟区永定镇戒台寺 | 210 | 乾隆为给古寺增辉而下令从畅春园移栽而来 |
| 15 | 玉兰 110131B01596 | 颐和园古玉兰 | 海淀区颐和园长廊东门邀月门南 | 180 | 颐和园唯一一株古玉兰 |

## 一、青檀

青檀，榆科青檀属高大乔木，别名檀、翼朴、檀树、青壳榔树。树皮灰色或深灰色，幼时光滑，老时裂成长片状剥落，露出灰青绿色的内皮，因此得名青檀。青檀为我国特有的单种属，茎皮、枝皮纤维为制造书画宣纸的优质原料；青檀可作为绿化造林树种和庭院树，也可作大型盆景树。

### （一）昌平古青檀

昌平区南口镇檀峪村的檀峪沟里有 6 株青檀古树，其中最年老的一株，树龄 3000 多年，为一级古树。树高 11 米，树干扭结盘曲（图 3-59）。北京只有这一株上千年的青檀古树。在这几株青檀树的周围，萌生出了几株小青檀树，祖孙几代其乐融融。

这株青檀古树的奇特之处还在于它历经沧桑形成了罕见的“树抱石”景观，而且同一株古树出现多个“树抱石”，青檀树的树根生长于岩石之中，粗细不一的树根扎于岩石的缝隙之中，犹如龙爪一般深深地嵌入岩石，随着时间的推移，形成树石相抱、树石交融的神奇现象。

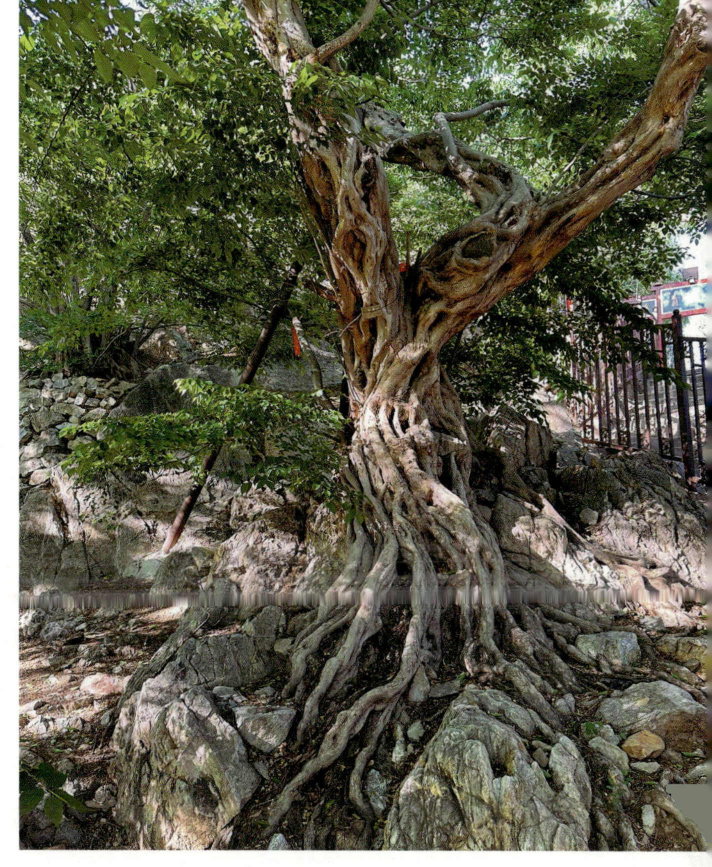

图 3-59　古青檀（赵衿艺 摄）

## 二、蜡梅

蜡梅，蜡梅科蜡梅属灌木植物，别名黄梅花、香梅花、香梅、干枝梅。原产我国中部，喜阳光，略耐阴，较耐寒、耐旱，有“旱不死的蜡梅”之说。花期 11 月至翌年 3 月，在霜雪寒天傲然开放，先花后叶，黄花似蜡，香味扑鼻，是冬季观花树种。李时珍在《本草纲目》中记载：“此物本非梅类，因其与梅同时，香又相近，色似蜜蜡，故得此名。”

### （一）卧佛寺蜡梅

位于国家植物园卧佛寺的蜡梅古树，树龄 1300 多年，为一级古树（图 3-60），在蜡梅中极其少见，被誉为“京城蜡梅之冠”。伴着晨钟暮鼓，青灯古佛，赏蜡梅本身也平添了几分超然，那包含着禅意的花香里似乎有一切皆空的了然。每年 3 月便是这株蜡梅的最佳观赏时期，在红墙的映衬下，晶莹剔透的蜡梅如玉盏一般惹人注目。

图 3-60　卧佛寺蜡梅

## 三、枣

枣，鼠李科枣属落叶小乔木。生长于海拔 1700 米以下的山区，丘陵或平原广为栽培。花黄绿色，核果圆形或长卵状圆形，成熟后由红色变红紫色，可食用。宜在庭园、路旁散植或成片栽植，是优良经济树种，其老根古干可作树桩盆景。明清时期，北京的胡同、四合院等处，枣树遍植。枣树深受老百姓喜爱，春可赏花，夏可乘凉，秋可打枣吃果。鲁迅在散文《秋夜》中写道："在我的后园，可以看见墙外有两株树，一株是枣树，还有一株也是枣树。"

### （一）文天祥祠古枣树

文天祥寺古枣树，位于东城区府学胡同 63 号文丞相祠，树龄约 800 年，为一级

图 3-61　文天祥祠古枣树

古树。树高约 6 米，平均冠幅 5.5 米，胸围 326 厘米（图 3-61）。相传为文丞相被囚禁于此处时手植。

这棵枣树的奇特之处是尽管枝干虬曲，但却都自然倾斜向南，与地面呈约 45 度角，仿佛是代替被困在此处的文天祥望向家的方向，不免让人想起其诗句“臣心一片磁针石，不指南方不肯休”，对这位深怀民族大义的英雄肃然起敬。

## （二）西单古枣

西单古枣，又叫作“西单枣树王”、“京都古枣第一株”，位于西城区西单小石虎胡同蒙藏学校旧址内。树高约 9 米，胸围 348 厘米。有人说它明初就种在这里，推测树龄为 600 年，但经专家测量估算，树龄约 360 年，为一级古树（图 3-62）。

图 3-62 西单古枣

院子几经变迁，民国时期曾作为培养少数民族革命力量的进步学校使用，李大钊、邓中夏等同志常在枣树下向学生宣传革命真理、传播革命思想，学生中还包括后来成为国家副主席的乌兰夫。1984 年，乌兰夫回到母校，抚摸着这株古枣树，深情地说，共产主义在少数民族中的传播就是从这所学校开始的。如今在相关部门的保护下，这株古枣树枝繁叶茂，硕果累累。

## 四、七叶树

七叶树，别名桉椤树，为无患子科七叶树属落叶乔木。原产于中国黄河流域，在中国陕西、山西、河北、江苏、浙江等地有分布。七叶树树姿挺秀，盛花时节满树白花，是园林景观树种，可作人行步道、公园、广场绿化树种。七叶树也叫菩提树、娑罗树，是佛门圣树。清康熙皇帝曾作诗赞曰："娑罗珍木不易得，此树惟应月中有。"北京市七叶树古树只有 24 株。

### (一) 潭柘寺娑罗树

潭柘寺娑罗树古树位于潭柘寺财神殿院落中，树龄约 610 年，树高约 14 米，胸围 442 厘米，平均冠幅 10 米，为潭柘寺现余的二十余株古娑罗树之一。这株娑罗树枝干虬曲，古拙苍劲，应比财神殿的历史还要长远。它的叶呈长卵形，一般在 5 月开花，花为串状白花，仿佛一个个白色蜡烛点在绿树中，十分有趣(图 3-63、

图 3-64)。

## (二)高碑店通惠河畔娑罗树

在通惠河南岸约百米的菩提园中,有一株树龄约 310 年的娑罗树,树高约 11 米,粗壮的枝杈只有三枝,撑起硕大的树冠。到 5 月夏初之际,树上开出朵朵小花,远远望去,如同白塔一般,与周边仿古建筑和白玉栏杆相呼应,静谧而美丽,象征着平安与和平之意,是园区一处标志性景观(图 3-65)。

图 3-63 潭柘寺娑罗树

图 3-64 潭柘寺娑罗树

图 3-65　高碑店通惠河畔娑罗树

这株娑罗树为清代康熙年间所栽种。据记载，民国初年，随天津人民银行行长迁立祖坟，从潭柘寺移栽到这里。相传，清代著名文学家、《红楼梦》作者曹雪芹常与好友爱新觉罗·敦敏沿通惠河泛舟登岸游赏，多次在这棵娑罗树下吟诗作赋。

## 五、流苏

流苏，木樨科流苏树属落叶灌木或乔木，别称四月雪、萝卜丝花、茶叶树、牛筋子等。树形高大优美，枝叶茂盛，花期 3–6 月，因花序圆锥形，着生许多小花，很像流苏饰品，故名流苏树。秋季结果，核果椭圆形，蓝黑色。开花时节满树白花，如覆霜盖雪，清丽宜人，适合以常绿树作背景衬托，不论点缀、群植、列植均具很好的观赏效果。北京流苏古树只有两株。

### （一）苏家峪流苏古树

位于密云区新城子镇的流苏古树，树龄约 580 年，为一级古树，树高约 13 米，平均冠幅 14 米。每逢 5 月是流苏树的最佳观赏时期，“远看如覆霜盖雪，近观如流苏细穗”。这株古流苏树枝叶茂密，初夏时满树洁白的流苏花，远观如覆盖白雪一般，近观又好似是女子服饰上的流苏，随风摇曳，清香宜人。在主干 1.3 米处分为两主枝，向上延展成蘑菇形的树冠（图 3–66、图 3–67）。

图 3–66 古流苏树（马俊云 摄）

图 3-67 古流苏树

苏家峪的这棵古流苏树，据传是为了纪念一位医术极高的郎中所种。当初郎中在此定居后，采集大山里的药材给村民治病，后因医术高明被封为御医。

## 六、二乔玉兰

二乔玉兰，木兰科玉兰属落叶小乔木，是玉兰与辛夷杂交，在我国华北、华中及江苏、陕西、四川、云南等地均有栽培。二乔玉兰花大、色艳，是著名的早春花木，广泛用作公园、小区和庭园观赏树，也可孤植为独赏树，或丛植、群植成景。其树皮、叶、花均可提取芳香浸膏。北京市二乔玉兰古树有两株，均位于潭柘寺。

### （一）潭柘寺二乔玉兰

位于潭柘寺毗卢阁前东侧的两株二乔玉兰，树龄约 310 年，为一级古树，是明朝时御赐的树种，极其珍贵（图 3-68、图 3-69）。其花内白外紫，取三国东吴美女大乔和小乔之名。每年大约 3 月底 4 月初开花，娇艳的花朵掩映在古老寺庙的红墙灰瓦间和袅袅升起的香炉烟雾中，美丽而灵动。

图 3-68 二乔玉兰

图 3-69 二乔玉兰

## 七、酸枣

酸枣是鼠李科枣属灌木，很难长成大树，长到杯口粗细便自然干枯，由根部再生嫩芽。盛产于我国太行山一带。酸枣可以说浑身是宝，具有药用和食用价值，其果实酸甜可口，营养价值很高，可以加工成食品和饮品；酸枣的根、枝、叶和酸枣仁则具有药用价值，特别是酸枣仁，是我国名贵的中草药之一。北京市酸枣古树共有 9 株。

### （一）昌平南口酸枣王

位于昌平区南口镇王庄村的酸枣古树，树高约 10 米，胸围 240 厘米，树龄约 410 年，为一级古树，被誉为“京郊酸枣王”，昂然挺立，枝叶繁茂（图 3-70）。在它的旁边还生长着另一株酸枣古树，也是一级古树，树高约 12 米，胸围 224 厘米，与酸枣王相依相伴。这两株酸枣古树历经四百年风雨，依然高大挺拔，树冠饱满，果实丰沛，实属罕见。

图 3-70　京郊酸枣王（黎梦宇　摄）

## 八、玉兰

玉兰，木兰科玉兰属落叶乔木，别名白玉兰、望春、玉兰花等。玉兰为我国特有的名贵园林花木之一，观赏价值高，先花后叶，2–3 月开花，花白色到淡紫红色，花型大、芳香，冠杯状，花期 10 天左右。玉兰花外形像莲花，盛开时，花瓣展向四方，高贵典雅，风韵多姿，具有很高的观赏价值，且其芳香清新怡人，因此常作为庭园绿化美化树种。玉兰自古以来就深受人们的喜爱，我国种植玉兰的历史悠久。诗人屈原在《离骚》中有“朝搴阰之木兰兮，夕揽洲之宿莽”之佳句。玉兰象征吉祥、和谐，玉兰与海棠、牡丹、桂花等组合，象征“玉堂富贵”，若与金桂同植，则又有“金玉满堂”之彩。明代文征明不仅绘有著名的《玉兰图卷》，其所作玉兰诗也是绝妙无比：“绰约新妆玉有辉，素娥千队雪成围。我知姑射真仙子，天遣霓裳试羽衣。影落空阶初月冷，香生别院晚风微。玉环飞燕元相敌，笑比江梅不恨肥。”如今，国人对玉兰之喜爱不减当年，玉兰还被上海、连云港等城市选为市花。

### （一）大觉寺古玉兰

位于大觉寺四宜堂（又名“南玉兰院”）的古玉兰，树龄约 300 年，为一级古树。树高约 2 米，胸围 138 厘米，是北京的“古玉兰之最”（图 3-71）。春天开花时，满树洁白，清香袭人，所谓“古寺兰香”之胜景也。

图 3-71　大觉寺古玉兰

这株古玉兰是北京树龄最长的一株玉兰树。相传是当时的住持伽陵高僧所植，也有传说是他圆寂后，弟子们根据其遗愿从南方移植而来。

### （二）颐和园古玉兰

颐和园长廊东门邀月门南有一棵高大的古白玉兰，是园内最古老的玉兰树，树龄约 180 年，为二级古树。树高 11.3 米，平均冠幅 8.6 米，胸围约 153 厘米。据记载，乾隆时期的乐寿堂玉兰满院，人称“玉香海”。英法联军入侵时被毁，只有这一株劫后余生。

每年春天玉兰花盛开时，洁白淡雅，清香四溢，吸引了众多游客（图 3-72、图 3-73）。

图 3-72 颐和园古玉兰

图 3-73 颐和园古玉兰

## 九、毛梾

毛梾，又名车梁木、小六谷、红枣子、红梗山茱萸，为山茱萸科山茱萸属落叶乔木。花期5~6月，顶端开花，白色聚伞形花序。毛梾树形优美，树干挺拔，繁花胜雪，可作行道树、景观树或者庭荫树。毛梾还有“千载车梁木，儒家文化树”之美誉，传说当年孔子乘马车周游列国时，因路况差，车梁经常断折，有一次车梁断毁时，旁边正好有一株毛梾，子路伐其做车梁后便没再断过，因此毛梾得名“车梁木”。毛梾是一种木本油料植物，果实含油可达27%~38%，供食用或作高级润滑油。

### （一）霹破石村毛梾

延庆区大庄科乡深山中的霹破石村有一株古毛梾，树龄约310年，为一级古树，是北京市唯一一株毛梾古树。从山坡的岩石缝之中钻出，尽管土壤贫瘠，树干基部中空，却依旧长到了9米之高（图3-74）。每年春夏交替之际，毛梾枝头绽出白色的

图3-74 霹破石村毛梾

花，小小的一朵朵，簇成团团花球，散发出阵阵香气，阳光透过白花翠叶在地面投下点点耀斑，是村中一处美丽的景观。

## 十、海棠

海棠，蔷薇科苹果属乔木，为中国著名观赏树种。海棠品种众多，变种有重瓣及各种花色，树形美观，花开似锦，多用于城市绿化、美化，无论是古典园林，还是公共绿地都广泛运用。海棠素有“花中神仙”、“花贵妃”之称，文人墨客争相吟咏；最经典的当属苏轼的“东风袅袅泛崇光，香雾空蒙月转廊，只恐夜深花睡去，故烧高烛照红妆”。

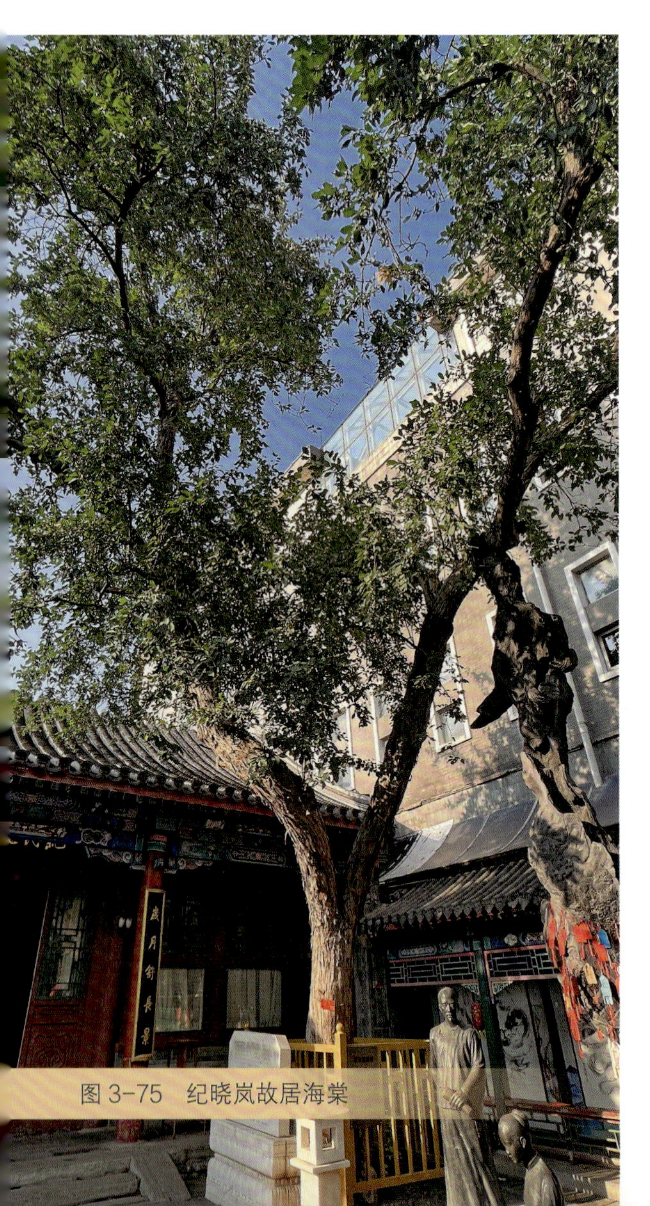

图 3-75　纪晓岚故居海棠

### （一）纪晓岚故居海棠古树

西城区珠市口纪晓岚故居内有一株海棠古树，树龄约 310 年，为一级古树（图 3-75）。海棠树很少有百年以上的，北京市 300 年以上的古海棠仅此一株。

这株海棠树为纪晓岚亲手种植，传说纪晓岚与一位名叫文鸾的女子情投意合，然而事非人愿，文鸾家人棒打鸳鸯，致文鸾郁郁而终。纪晓岚为了纪念她，便在自己的院中种植了两株海棠，一株代表自己，另一株象征着文鸾。但是，天意弄人，其中一株海棠不久便枯死，隐喻了两人的有缘无份。纪晓岚还写过一首《忆秋海棠》："憔悴幽花剧可怜，斜阳院落晚秋天，词人老大风情减，犹对残红一怅然。"也是满满的伤感。

## 十一、紫藤

紫藤，豆科紫藤属落叶藤本。紫藤原产我国，自古即栽培作庭院棚架植物。生长较快，寿命长，缠绕能力强，多用以攀附廊架、枯树或山石等，是非常好的垂直绿化植物。紫藤春季开花，花穗秀丽，蝶形花冠紫色或深紫色，十分美丽。唐代著名诗人李白曾著有《紫藤树》："紫藤挂云木，花蔓宜阳春。密叶隐歌鸟，香风留美人。"北京市紫藤古树仅有两株。

### （一）纪晓岚故居紫藤

位于西城区珠市口纪晓岚故居的紫藤，树龄约310年，为北京市唯一一株一级紫藤古树（图3-76、图3-77）。它饱经风霜，依然枝叶茂密，春天紫藤花开时，紫云霞翠，香风远飘。

据说这株古树是纪晓岚亲手种植，他在《阅微草堂笔记》中特别提到这株紫藤："其荫覆院，其蔓旁引，紫云垂地，香气袭人。"后来，梅兰芳、张伯驹等文化名人出于

图3-76 纪晓岚故居紫藤（霍艳清 摄）

图3-77 纪晓岚故居紫藤（杨树田 摄）

对纪晓岚的崇敬，爱屋及乌，也对这株紫藤青睐有加。

## 十二、丁香

丁香，一般指紫丁香，木樨科丁香属植物，为我国特有观赏花木之一，已有千年栽培历史。丁香是著名的庭园花木，开花繁茂，花色主要有紫色、紫红、蓝紫和白色，花芳香，花期4~5月，在园林中广泛栽培应用，是北京市春季观花的重要树种。明代高濂在《草花谱》中提到："紫丁香花木本，花微细小丁，香而瓣柔，色紫，故名紫丁香。"

### （一）戒台寺古丁香群

古刹戒台寺以丁香为"寺花"，满园上千株丁香，其中有20多株树龄约210年的古丁香（图3-78）。这些古丁香是乾隆为给古寺增辉而下令从畅春园移栽而来的，分散在全园各殿前。每年4月芳菲时节，丁香花开，或紫或白，如雪似霞，使千年古刹的红墙灰瓦也多了一份俏皮和灵动。人们总是如约赶赴这古丁香的花海盛宴。

图3-78 戒台寺古丁香群

## 第四节

# 奇特的“树中树”

大自然中，无奇不有，还有“树生树”的自然奇观。这是因为很多古树会出现裂缝甚至树洞，鸟雀或大风把同种或者不同种树木的种子带过来，在适宜的气候条件下，长出了小树苗，岁月流转，就形成了“树中树”的奇特景观（表3-9）。

表3-9 北京市奇特的“树中树”基本信息

| 古树树种及编号 | 古树名称 | 古树位置 | 树龄（年） | 简要信息 |
| --- | --- | --- | --- | --- |
| 国槐 110131A06045 | 槐中槐 | 西城区景山公园 | 1210 | 大槐树中长了小槐树 |
| 侧柏 110109B00745 | 柏柿如意 | 门头沟区潭柘寺毗卢阁前西侧 | 200 | 柏树与柿树相伴共生 |
| 桧柏 110101A02189 | 柏上桑 | 东城区孔庙西侧持敬门 | 700 | 第一代祭酒许衡所植 |
| 国槐侧柏 110131A07042 | 槐柏合抱 | 东城区中山公园的孙中山铜像后方 | 500 | 外为国槐，内为寄生侧柏树 |

## 一、景山公园“槐中槐”

北京市槐树众多，树龄大者也数不胜数，而西城区景山公园的“槐中槐”却不同凡响，顾名思义就是老槐树中长了一株小槐树。该“槐中槐”位于永恩殿山门西侧，其中老槐是景山公园里树龄最长的古树，也称“千岁唐槐”，树龄约1210年，为一级古树，树高20米，胸围200厘米，远望枝繁叶茂，但走近一瞧外层树皮早已干枯，内里中空，相传是曾经树上悬挂的一块用来报时的铁铸云板逐渐长入而致。有意思的是不知何时，在这中空的树洞中又萌发一株小槐，如今碗口粗的新干与老干长在一起，也分不清满树枝叶是由老槐还是新槐生出，成为景山公园中的一个独特景观（图3-79）。

## 二、潭柘寺“柏柿如意”

“柏柿如意”位于门头沟区潭柘寺毗卢阁前，是两株树相伴而生，一株为柿树、一株为柏树。前者是柿科落叶乔木，后者为柏科常绿乔木。两棵不同属种的树木还能相伴共生，互不排斥，甚至做到正常开花结果，也是一件奇事。其中侧柏为二级古树，树龄约200年，柏树朝柿树方向略倾斜而生，就有了两树依偎的姿态，寓意百事如意（图3-80）。

图3-79 景山公园“槐中槐”

图3-80 潭柘寺“柏柿如意”

## 三、孔庙“柏上桑”

孔庙西侧持敬门旁有一株奇特的古树，下半截是柏树，上半截是桑树。相传此柏植于元代，为第一代祭酒许衡所植，后来柏树枯死，树干中空，飞鸟所衔桑葚落入空心中，就此生根发芽，替代柏树逐渐成长起来，因此得名“柏上桑”。如今，这株古树树龄已有 700 多年，树体粗壮，枝繁叶茂，令人称奇(图 3-81)。

图 3-81 孔庙“柏上桑”

## 四、中山公园“槐柏合抱”

在中山公园的孙中山铜像后方，有一处天然形成的奇特古树景观，名“槐柏合抱”。这两株古树，外侧一株为国槐，树龄约500年；树皮裂缝内寄生柏树，据推算已有200年；该“槐柏合抱”树高11米，胸围316厘米，平均冠幅11米。远远望去，上方枝干既有柏树的峭拔挺立，也有古槐的苍劲虬曲（图3-82）。

两树树干目前看似各自安好生长，实则争夺生长空间，柏树树干不断变粗壮，形成如今槐树开裂的模样，两树在较量中也展示着各自不屈于命运的顽强生命力。

图3-82　中山公园“槐柏合抱”

# 第四章

# 北京市古树景点打卡

作为“活文物”，古树是北京的重要组成部分，与古代建筑、皇家园林等一起体现了历史底蕴深厚的古都沧桑之美。古树的树龄和树种反映出宫殿、皇家园林、皇帝陵园、坛庙寺观等历史文化遗产在不同时期建造、改造的过程，以及同时期发生的重大历史事件，因此古树是我们了解北京城市历史文化的重要途径之一。

近年来，北京市加大古树名木的保护、宣传力度，并与市民休闲游憩需求相结合，打造了古树公园、古树小区、古树街巷、古树乡村等众多古树保护新模式，充分发挥古树自然遗产的影响力，让古树贴近百姓生活。

四季更迭，日月流转，古树以不同的姿态展现在人们面前。下面我们一起通过古树景点打卡深入了解北京的历史与文化。

## 第一节 宫殿内的古树

### 一、故宫

宫殿是帝王处理朝政、居住的建筑物，往往规模宏大，形象壮丽，格局严谨，给人强烈的精神感染，突显王权的尊严。中国传统文化注重等级秩序，宫殿建筑代表了古代建筑的最高成就。

紫禁城位于北京城市中轴线的中心，始建于明永乐年间，是明、清两代的皇家宫殿，已有 600 余年历史。1925 年，紫禁城更名为故宫博物院，并开始对外开放。故宫是世界上规模最大、保存最完整的木结构宫殿建筑群。

故宫内的古树不仅姿态奇绝，还因丰富的文化内涵备受关注。故宫内的建筑群分为外朝和内廷两部分。外朝是皇帝处理政务的场所，内廷是皇帝及其家眷、侍从等生活起居的空间。其中外朝的主体建筑群——太和、中和、保和三大殿所处院落空间突出庄严、肃穆的空间氛围，没有栽植树木；内廷则为营造亲切、宁静、优美的生活氛围，树木栽植较多。明清时期，故宫有四大花园：御花园、建福宫花园、慈宁宫花园和乾隆花园。民国时期，建福宫花园被大火焚毁。如今，故宫的古树名木，大多都集中在其余三个花园中。这些花园内楼阁、假山错落，古树成荫，宁静雅致，不仅生动地展示了明、清两代的皇家生活，还留下了诸多传奇故事。

故宫共有古树466株，其中一级古树110株，二级古树356株。古树树种丰富，包括桧柏、侧柏、油松、银杏、国槐、白皮松、楸树、欧洲大叶椴、黑枣、龙爪槐等，其中柏树居多，柏树中又以桧柏居多。故宫中的欧洲大叶椴在北京古树中是仅有的两株，黑枣、龙爪槐也是珍稀古树树种，非常珍贵。

故宫中的古树明星要属人字柏为最，是明、清时期工匠高超园艺技术的体现。此外，古华轩楸树（暂不开放）、坤宁门楸树（两株）、英华殿前的九莲菩提树（即欧洲大叶椴，两株，暂不开放）、十八槐古树群、十八罗汉松、盘龙槐等也是故宫的古树明星（表4-1）。

故宫古树打卡游线（图4-1）：

**午门→武英殿东断虹桥→慈宁宫花园→御花园→宁寿门庭院**

表 4-1　故宫古树打卡游线基本信息

| 序号 | 古树名称及编号 | 古树位置 | 树龄（年） | 简要信息 |
|---|---|---|---|---|
| 1 | 十八槐古树群<br>110101A01781 等 | 武英殿断虹桥北侧 | 600 | 种植于明代 |
| 2 | 槐柏合抱<br>110101B01867 | 慈宁宫花园 | 200 | 国槐与柏树共生，柏树已死，留有主干 |
| 3 | 坤宁门楸树<br>110101A01877 | 坤宁门外东侧 | 400 | 两株对植于坤宁门外两侧，寓意“紫气东来” |
| 4 | 坤宁门楸树<br>110101A01878 | 坤宁门外西侧 | 400 | |
| 5 | 连理柏<br>110101B01942 | 御花园天一门南侧 | 200 | 比喻夫妻之间坚贞不屈的纯洁爱情 |
| 6 | 人字柏<br>110101A01898 | 御花园钦安殿北侧 | 400 | 主干形似“人”字，寓意“天人合一” |
| 7 | 卧龙松<br>110101A01919 | 御花园钦安殿前东侧 | 400 | 主干倾斜形似卧龙，因而得名 |
| 8 | 堆秀松<br>110101A01918 | 御花园御景亭西南侧 | 400 | 位于堆秀山山脚，故而得名 |
| 9 | 遮荫侯柏<br>110101B01927 | 御花园御景亭东南侧 | 200 | 相传此古柏曾为乾隆遮蔽阳光，乾隆曾为其赋诗《御花园·古柏行》 |
| 10 | 藤萝古柏 | 御花园万春亭北侧 | | 枯死的古柏上缠绕紫藤 |
| 11 | 人字柏<br>110101A01884 | 御花园万春亭西侧 | 400 | |
| 12 | 凤凰柏<br>110101A01887 | 御花园万春亭西南侧 | 400 | |
| 13 | 蟠龙槐<br>110101A01925 | 御花园东南角 | 400 | 树形如苍龙伸出巨爪凌空飞舞 |
| 14 | 十八罗汉松<br>110101B02529 等 | 宁寿宫区皇极门内 | 200 | 皇极门内东西两侧各 9 株，故得名 |

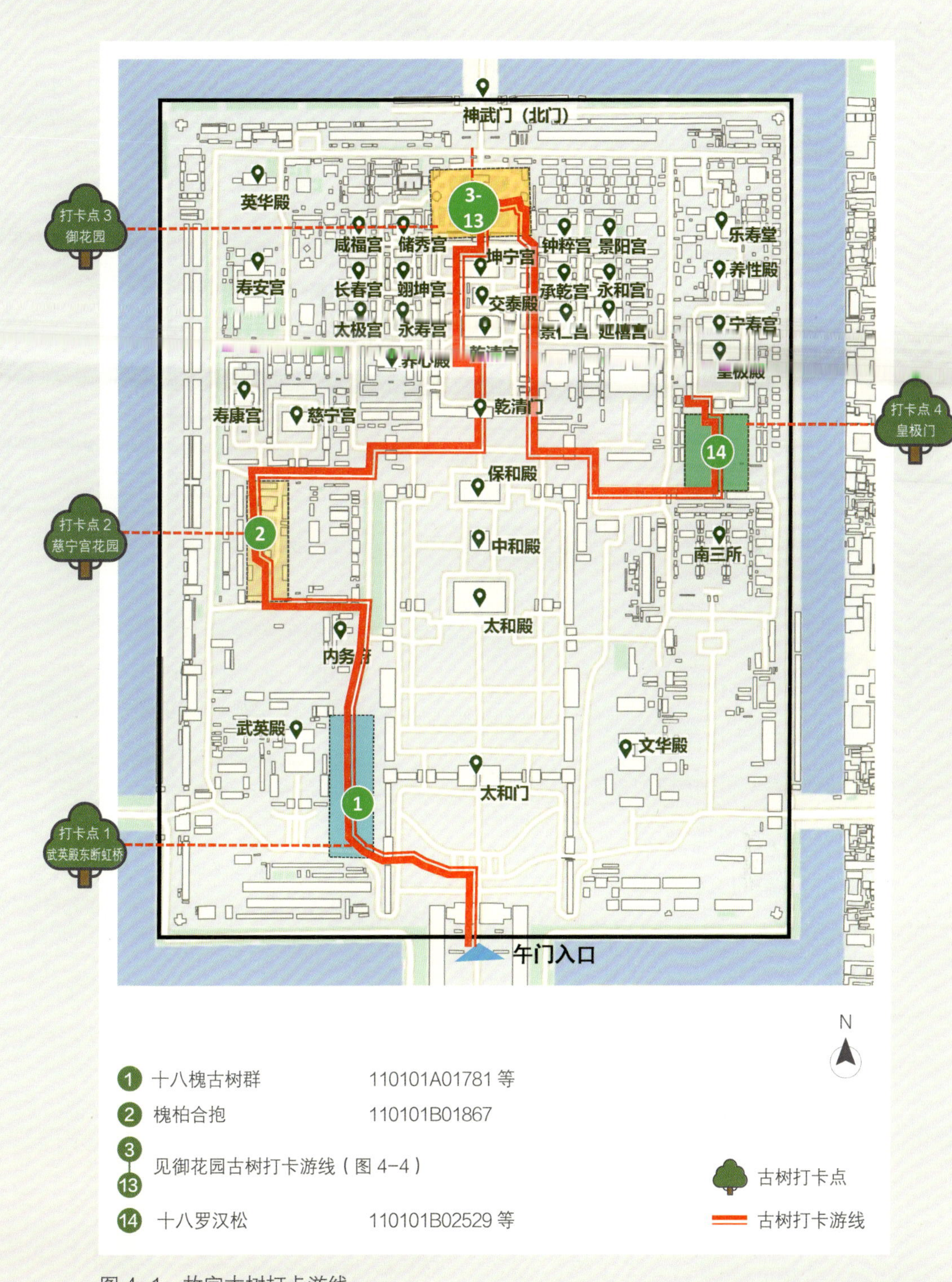


图 4-1 故宫古树打卡游线

## 武英殿

打卡古树：十八槐古树群（图 4-2）

编号：110101A01781

树种：国槐

树高：8.0~18.6 米

胸围：248~511 厘米

冠幅：平均 9~20 米

树龄：约 600 年

位置：武英殿断虹桥北侧

最佳打卡时间：4–10 月

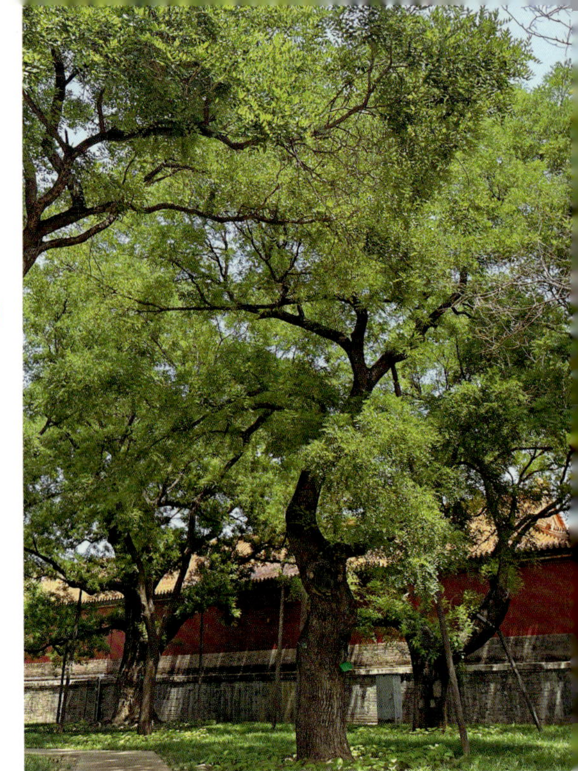

图 4-2　十八槐古树群

## 慈宁宫花园

打卡古树：槐柏合抱（图 4-3）

编号：110101B01867

树种：国槐、柏

树高：13.7 米（国槐）

胸围：242 厘米（国槐）

冠幅：东西 17.2 米，南北 14.6 米（国槐）

树龄：约 200 年（国槐）

位置：慈宁宫花园

最佳打卡时间：4–10 月

图 4-3　槐柏合抱（来源：全景故宫）

## 御花园

打卡古树：坤宁门楸树、连理柏、人字柏（中轴线）、卧龙松、堆秀松、遮荫侯柏、藤萝古柏、人字柏、凤凰柏、蟠龙槐（图 4-4）

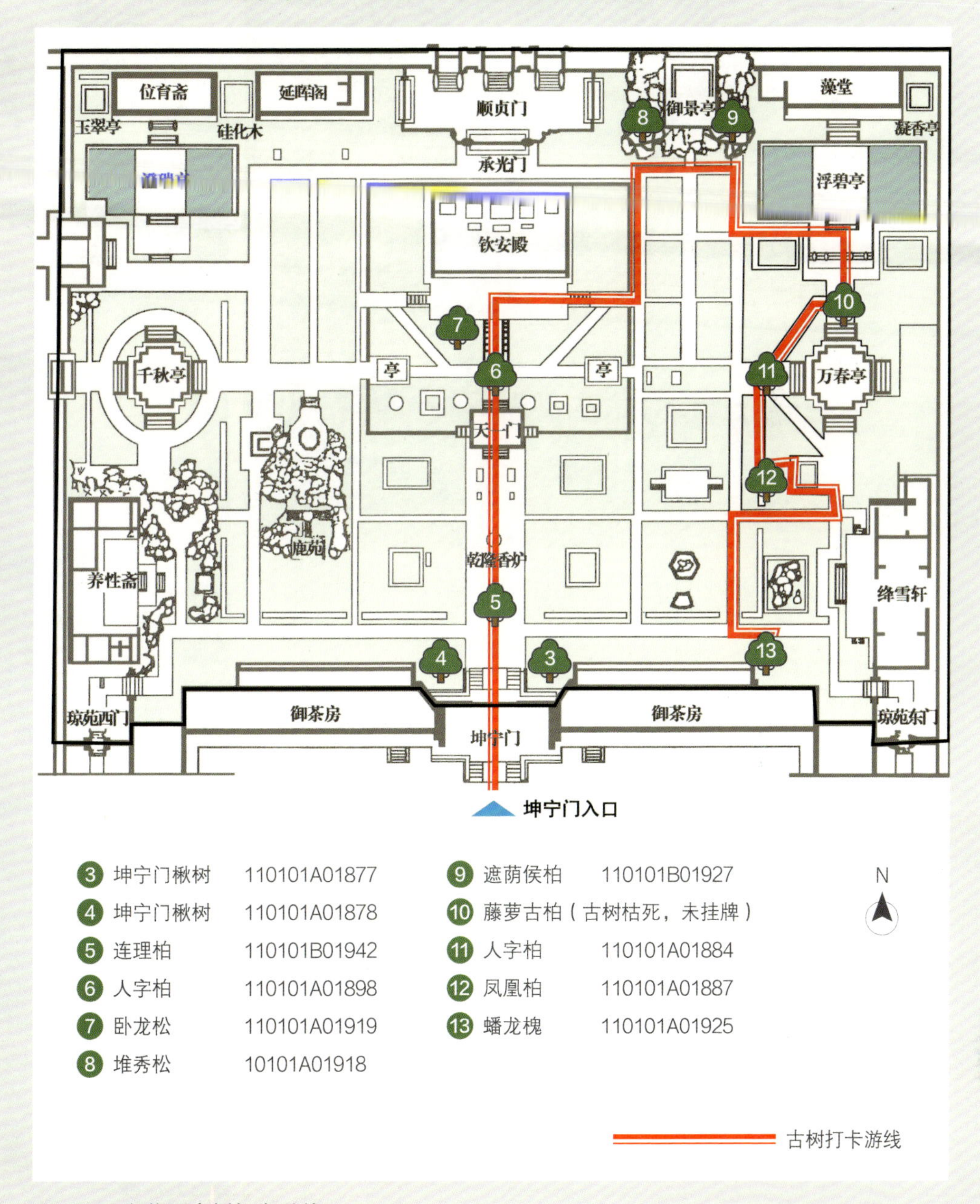


图 4-4 御花园古树打卡游线

图 4-5　坤宁门楸树（杨树田　摄）

### 坤宁门楸树（两株）（图 4-5）

编号：110101A01877

树种：楸树

树高：7.9 米

胸围：122 厘米

冠幅：东西 8.9 米，南北 10.4 米

树龄：约 400 年

位置：坤宁门外东侧

最佳打卡时间：4 月下旬至 5 月上旬

编号：110101A01878

树种：楸树

树高：10.2 米

胸围：133 厘米

冠幅：东西 13.2 米，南北 9.3 米

树龄：约 400 年

位置：坤宁门外西侧

最佳打卡时间：4 月下旬至 5 月上旬

连理柏(图 4-6)

编号:110101B01942

树种:桧柏

树高:9.4 米

胸围:161 厘米

冠幅:东西 6.3 米,南北 6.9 米

树龄:约 200 年

位置:御花园天一门南侧

最佳打卡时间:全年

图 4-6 连理柏(杨树田 摄)

图 4-7　人字柏

## 人字柏（图 4-7）

编号：110101A01898

树种：桧柏

树高：8.8 米

胸围：250 厘米

冠幅：东西 7.8 米，南北 8.9 米

树龄：约 400 年

位置：御花园钦安殿北侧

最佳打卡时间：全年

图 4-8　卧龙松（来源：全景故宫）

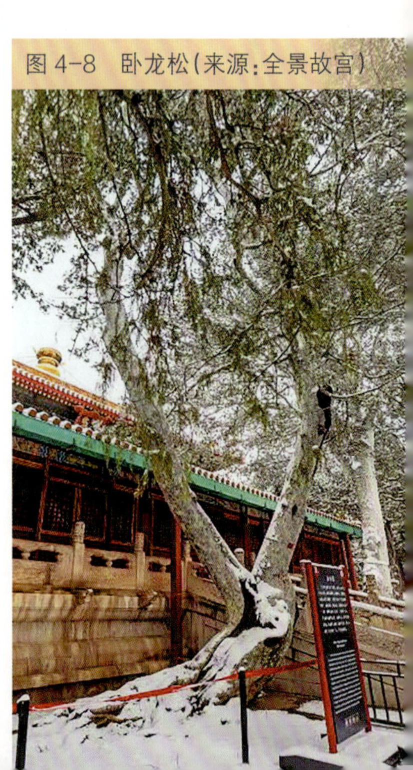

## 卧龙松（图 4-8）

编号：110101A01919

树种：白皮松

树高：13 米

胸围：317 厘米

平均冠幅：东西 11.6 米，南北 12.1 米

树龄：约 400 年

位置：御花园钦安殿前东侧

最佳打卡时间：全年

图 4-9 堆秀松

图 4-10 遮荫侯柏

### 堆秀松(图 4-9)

编号:110101A01918

树种:白皮松

树高:11.8 米

胸围:251 厘米

冠幅:东西 15.1 米,南北 13.5 米

树龄:约 400 年

位置:御花园御景亭西侧

最佳打卡时间:全年

### 遮荫侯柏(图 4-10)

编号:110101B01927

树种:桧柏

树高:10.1 米

胸围:144 厘米

冠幅:东西 4.3 米,南北 6.3 米

树龄:约 200 年

位置:御花园御景亭东侧

最佳打卡时间:全年

图 4-11 藤萝古柏

图 4-12 人字柏

## 藤萝古柏(图 4-11)

树种:桧柏

编号:—

树高:—

胸围:—

冠幅:—

树龄:—

位置:御花园万春亭北侧

最佳打卡时间:4 月中下旬

图 4-13 凤凰柏

图 4-14 蟠龙槐

人字柏(图 4-12)

编号:110101A01884

树种:桧柏

树高:10.7 米

胸围:156 厘米

冠幅:东西 6.8 米,南北 7.1 米

树龄:约 400 年

位置:御花园万春亭西侧

最佳打卡时间:全年

凤凰柏(图 4-13)

编号:110101A01887

树种:桧柏

树高:12.6 米

胸围:346 厘米

冠幅:东西 15.6 米,南北 16.8 米

树龄:约 400 年

位置:御花园万春亭西南侧

最佳打卡时间:全年

蟠龙槐(图 4-14)

编号:110101A01925

树种:龙爪槐

树高:5.5 米

胸围:356 厘米

冠幅:东西 11.2 米,南北 9.9 米

树龄:约 400 年

位置:御花园东南角

最佳打卡时间:4-10 月

## 皇极门

### 打卡古树：十八罗汉松（图 4-15）

编号：110101B02529 等

树种：油松

树高：5.2~11.2 米

胸围：94~225 厘米

冠幅：7.3~17.3 米

树龄：约 200 年

位置：宁寿宫区皇极门内

最佳打卡时间：全年

图 4-15 十八罗汉松

## 第二节

# 皇家园林内的古树

北京的皇家园林由金代开始奠定基础，到明清逐步发展至高潮，是北方园林的典型代表。在这些皇家园林中星罗棋布地分布着众多树龄百余岁甚至千余岁的参天古树，它们见证了皇家园林中人与自然和谐共生的美丽画卷。

### 一、北海公园

北海始建于辽代，兴建于金代，大规模改扩建于清代。辽代就在此地建设了琼宇行宫；金代以琼华岛为中心建太宁宫；元代定都北京，当时称大都，以金太宁宫为基础建设了城市及宫殿；明清两代又对北海进行了大规模的建设，使北海在近千年的历史中形成了独特的景观风貌，也积累了丰富的文化内涵。

已有 850 余年建园史的北海公园是北京历史最悠久的皇家园林之一，因此，北海公园中的古树具有树龄较长，历史、文化与景观价值较高的特点。北海现有古树 583 株，其中一级古树 40 株，二级古树 543 株，主要古树树种包括侧柏、桧柏、国槐、白皮松、楸树、小叶朴等。北海公园古树明星包括画舫斋唐槐、团城“遮荫侯”、“白袍将军”、“承光柏”等，其中唐槐被评为北京“最美十大树王”之“国槐之王”（表 4-2）。

北海公园古树打卡游线（图 4-16）：

**团城→琼华岛→画舫斋→静心斋→西天梵境**

表 4-2 北海公园古树打卡游线基本信息

| 序号 | 古树名称及编号 | 古树位置 | 树龄（年） | 简要信息 |
| --- | --- | --- | --- | --- |
| 1 | 白袍将军<br>110131A05171 | 承光殿东南侧 | 850 | 清乾隆皇帝御封 |
| 2 | 承光柏<br>110131A05176 | 承光殿西南侧 | 810 | 金代所植古柏，团城古柏中规格最大的一株 |
| 3 | 遮荫侯<br>110131A05185 | 团城承光殿东侧 | 850 | 清乾隆皇帝御封，为此古树赋诗《古栝行》 |
| 4 | 永安柏<br>110131A05188 | 永安寺围墙外西南角 | 310 | |
| 5 | 法轮柏<br>110131A05189 | 法轮殿钟楼前 | 310 | |
| 6 | 普安柏<br>110131A05191 | 普安殿庭院东侧 | 310 | |
| 7 | 护塔松<br>110131B05348 | 白塔台基下东北角 | 110 | 白塔台基下白皮松 |
| 8 | 唐槐<br>110131A05201 | 画舫斋古柯庭 | 1200 | 唐代栽植，北京“最美十大树王”之“国槐之王” |
| 9 | 迎客树<br>110131B05626 | 静心斋南门外 | 110 | 向路侧倾斜，似在迎接宾客 |
| 10 | 九龙槐<br>110131A05205 | 九龙壁西南侧 | 314 | |

图 4-16 北海公园古树打卡游线

## 团城

### 打卡古树：承光柏、遮荫侯、白袍将军

#### 白袍将军（图 4-17）

编号：110131A05171

树种：白皮松

树高：13 米

胸围：550 厘米

冠幅：东西 15 米，南北 17.6 米

树龄：约 850 年

位置：承光殿东南侧

最佳打卡时间：全年

#### 承光柏（图 4-18）

编号：110131A05176

树种：侧柏

树高：17.5 米

胸围：525 厘米

冠幅：东西 10.2 米，南北 18.3 米

树龄：约 810 年

位置：承光殿西南侧

最佳打卡时间：全年

图 4-17　白袍将军

图 4-18　承光柏（陈春萌 摄）

## 遮荫侯（图 4-19）

编号：110131A05185　　冠幅：东西 7.6 米，南北 9.8 米

树种：油松　　树龄：约 850 年

树高：7.4 米　　位置：团城承光殿东侧

胸围：324 厘米　　最佳打卡时间：全年

图 4-19　遮荫侯

## 打卡点 2 琼华岛

### 打卡古树：永安柏、法轮柏、普安柏、护塔松

#### 永安柏（图 4-20）

编号：110131A05188

树种：侧柏

树高：15 米

胸围：211 厘米

冠幅：东西 7.9 米，南北 12.1 米

树龄：310 年

位置：永安寺围墙外西南角

最佳打卡时间：全年

#### 法轮柏（图 4-21）

编号：110131A05189

树种：桧柏

树高：15 米

胸围：223 厘米

冠幅：东西 8.3 米，南北 6.1 米

树龄：310 年

位置：法轮殿钟楼前

最佳打卡时间：全年

图 4-20　永安柏（陈春萌 摄）

图 4-21　法轮柏（陈春萌 摄）

## 普安柏(图 4-22)

编号:110131A05191

树种:桧柏

树高:8.6 米

胸围:218 米

冠幅:东西 6.7 米,南北 9.8 米

树龄:310 年

位置: 普安殿庭院东侧

最佳打卡时间:全年

## 护塔松(图 4-23)

编号:110131B05348

树种:桧柏

树高:13 米

胸围:110 厘米

冠幅:东西 10 米,南北 10 米

树龄:110 年

位置:白塔台基下东北角

最佳打卡时间:全年

图 4-22 普安柏(陈春萌 摄)

图 4-23 护塔松(陈春萌 摄)

图 4-24 唐槐(陈春萌 摄)

打卡点 3

## 画舫斋

打卡古树:唐槐(图 4-24)

编号:110131A05201

树种:国槐

树高:12 米

胸围:595 厘米

冠幅:东西 11.7 米,南北 13.4 米

树龄:约 1200 年

位置:画舫斋古柯庭

最佳打卡时间:4—10 月

图 4-25 迎客树(陈春萌 摄)

打卡点 4

## 静心斋

打卡古树:迎客树(图 4-25)

编号:110131B05626

树种:楸树

树高:12.8 米

胸围:260 厘米

冠幅:东西 8 米,南北 8 米

树龄:110 年

位置:静心斋南门外

最佳打卡时间:4 月下旬至 5 月上旬(花期)

图 4-26　九龙槐(陈春萌 摄)

## 打卡点 5 西天梵境

打卡古树:九龙槐(图 4-26)

编号:110131A05205

树种:国槐

树高:20 米

胸围:367 厘米

冠幅:东西 10 米,南北 19.3 米

树龄:314 年

位置:九龙壁西南侧

最佳打卡时间:4—10 月

## 二、颐和园

颐和园，前身为清漪园，始建于清乾隆十五年（1750 年），光绪十四年（1888 年）重建，改称颐和园。颐和园是我国保存最完整的一座皇家行宫御苑，被誉为“皇家园林博物馆”。

颐和园古树资源丰富，现有古树 1607 株，其中一级古树 97 株、二级古树 1510 株。古树种类较多，有油松、白皮松、桧柏、侧柏、楸树、白玉兰、桑树、国槐、木香等，总体呈现“前山柏、后山松、西柏多、东松多”的格局。

颐和园最耀眼的古树明星是邀月门古玉兰，该玉兰被评选为北京“最美十大树王”之“玉兰王”。与其他皇家园林不同，颐和园还以群生古树为特色，长廊两侧古侧柏群、后山道路两侧古松柏群都与皇家园林文化息息相关，与古建筑一起呈现出清代皇家园林古朴的历史风貌（表 4-3）。

颐和园古树打卡游线（图 4-27）：

**仁寿殿→宜芸馆→乐寿堂→长廊→后山道路两侧**

表 4-3 颐和园古树打卡游线基本信息

| 序号 | 古树名称及编号 | 古树位置 | 树龄（年） | 简要信息 |
|---|---|---|---|---|
| 1 | 古油松（龙）<br>110131A00057 | 仁寿殿庭院 | 310 | 树干挺拔向上，如临风飞舞的苍龙 |
| 2 | 古油松（凤）<br>110131A00056 | 仁寿殿庭院 | 310 | 枝条平缓舒展，如展翅低翔的凤凰 |
| 3 | 龙凤树<br>110131A00059 | 颐和园宜芸馆西北后角门外 | 310 | 枝干形如一只欲飞的凤凰，踩在龙树主干之上 |
| 4 | 邀月门古玉兰<br>110131B01596 | 乐寿堂邀月门东侧 | 180 | 北京“最美十大树王”之“玉兰王” |
| 5 | 古侧柏群<br>110131B01401 等 | 长廊两侧 | 150 | 沿长廊大致呈四列分布 |
| 6 | 古油松群<br>110131A00052 等 | 后山道路两侧 | 110~310 | 主要沿后山道路两侧分布 |

图 4-27　颐和园古树打卡游线

打卡点 1

## 仁寿殿

### 打卡古树:仁寿殿古油松(龙)、古油松(凤)

#### 古油松(龙)(图 4-28)

编号:110131A00057

树种:油松

树高:10 米

胸围:210 厘米

冠幅:东西 10.2 米,南北 10.2 米

树龄:约 310 年

位置:仁寿殿庭院

最佳打卡时间:全年

图 4-28 仁寿殿古油松(龙)

#### 古油松(凤)(图 4-29)

编号:110131A00056

树种:油松

树高:9 米

胸围:224 厘米

冠幅:东西 8.4 米,南北 8.2 米

树龄:约 310 年

位置:仁寿殿庭院

图 4-29 仁寿殿古油松(凤)(赵亚洲 摄)

## 打卡点 2 宜芸馆

### 打卡古树：龙凤树（图 4-30）

编号：110131A00059

树种：油松

树高：8.2 米

胸围：233 厘米

冠幅：东西 6.7 米，南北 6.4 米

树龄：约 310 年

位置：颐和园宜芸馆西北后角门外

最佳打卡时间：全年

图 4-30 龙凤树

## 打卡点 3 乐寿堂

### 打卡古树：邀月门古玉兰（图 4-31）

编号：110131B01596

树种：玉兰

树高：11.3 米

胸围：153 厘米

冠幅：东西 8.5 米，南北 8.7 米

树龄：约 180 年

位置：乐寿堂邀月门东侧

最佳打卡时间：3 月下旬至 4 月中旬

图 4-31 邀月门古玉兰

打卡点 4

## 长廊

**打卡古树：古侧柏群（图 4-32）**

编号：110131B01401 等

树种：侧柏

树高：7.5~14.8 米

胸围：80~187 厘米

冠幅：平均 3~12 米

平均树龄：约 150 年

位置：长廊两侧

最佳打卡时间：全年

图 4-32　古侧柏群

## 后山路

**打卡古树：古油松群（图 4-33）**

编号：110131A00052 等

树种：油松

树高：6.8~19.9 米

胸围：108~382 厘米

冠幅：平均 4.9~19.5 米

树龄：约 110~310 年

位置：后山道路两侧

最佳打卡时间：全年

图 4-33　古油松群

## 三、香山公园

香山公园是北京最古老的皇家园林之一，以金代香山寺（金章宗时“西山八大水院”之一的“潭水院”）为基础发展而来。其主要景观形成于辽代以后，建筑以清代居多。香山静宜园，始建于清康熙时期，大规模扩建于乾隆时期，形成“二十八景”，是清代北京西北郊“三山五园”皇家园林的重要组成部分。香山公园还是著名的红色景区，见证了中国共产党领导中国人民夺取全国胜利和党中央筹建中华人民共和国的光辉历史。

香山公园共有5866株古树，约占北京市古树总数的1/4，是北京古树分布最多的地区。“乔松傲雪”、“奇桧连阶”等景点名称生动反映出香山参天古树众多的景观风貌，这些古树主要分布于静宜园、碧云寺、松堂三地。香山共有一级古树313株，二级古树5553株，树种涵盖侧柏、油松、桧柏、白皮松、国槐、银杏、楸树、麻栎、榆树、元宝枫、栾树、七叶树、皂荚等，具有较高的多样性。香山古树中以松柏为最多。

金代著名的“香山八景”中名松就占据其二。清代乾隆皇帝曾下旨在香山上广植松树，因此香山古松最为著名。香山公园的古树明星包括会见松、听法松、凤栖松、并蒂松等（表4-4）。

香山公园古树打卡游线（图4-34）:

**五星聚→香山饭店→香山寺→知松园→见心斋**

表 4-4 香山公园古树打卡游线基本信息

| 序号 | 古树名称及编号 | 古树位置 | 树龄（年） | 简要信息 |
|---|---|---|---|---|
| 1 | 五星聚柏树<br>110131A07250<br>110131B07269<br>110131B07270<br>110131B07271<br>110131B07272 | 东门外广场路北小花园 | 110~310 | 五株柏树呈五角星形排列 |
| 2 | 会见松<br>110131B09527 | 香山饭店 | 110 | 毛泽东主席会见傅作义将军的历史见证 |
| 3 | 听法松 1<br>110131A08552 | 香山寺天王殿前路南东侧 | 310 | 清乾隆皇帝御封 |
| 4 | 听法松 2<br>110131A08553 | 香山寺天王殿前路南西侧 | 310 | 清乾隆皇帝御封 |
| 5 | 古油松群<br>110131A07454 等 | 香山公园知松园 | 110~310 | |
| 6 | 凤栖松<br>110131A07714 | 见心斋东侧 | 310 | 一枝干酷似孔雀引首东望 |
| 7 | 并蒂松<br>110131A07752 | 见心斋东侧路西 | 310 | 主干基部分为两枝，似双松并蒂 |

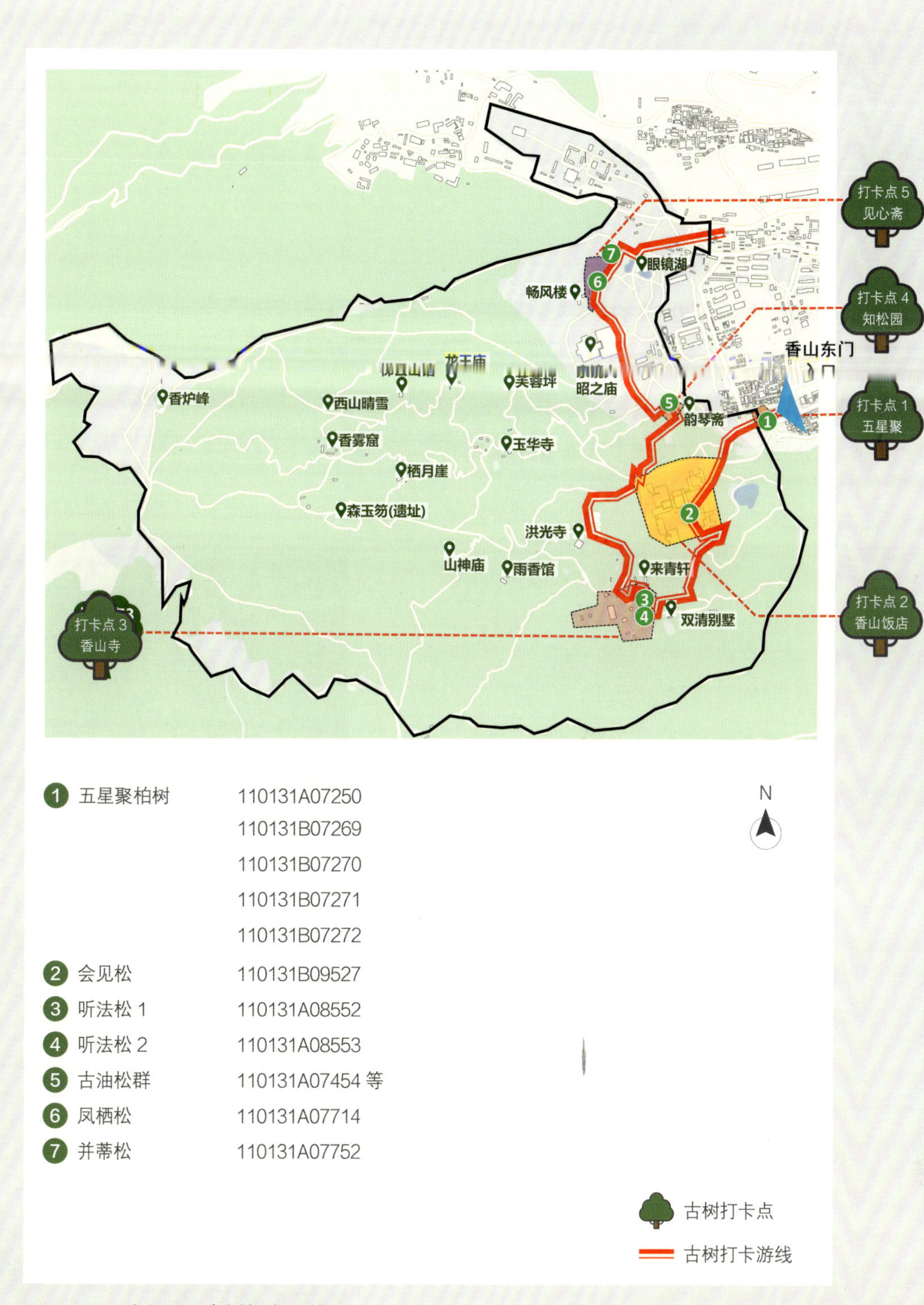


图 4-34 香山公园古树打卡游线

## 五星聚

### 打卡古树：五星聚柏树（图 4-35）

编号：110131A07250
树种：侧柏
树高：9 米
胸围：198 厘米
冠幅：东西 6 米，南北 8.5 米
树龄：约 310 年
位置：东门外广场路北小花园

编号：110131B07269
树种：侧柏
树高：8.8 米
胸围：161 厘米
冠幅：东西 7 米，南北 6 米
树龄：约 110 年
位置：东门外广场路北小花园

编号：110131B07270
树种：侧柏
树高：9 米
胸围：130 厘米
冠幅：东西 3.8 米，南北 7.5 米
树龄：约 110 年
位置：东门外广场路北小花园

编号：110131B07271
树种：侧柏
树高：16.7 米
胸围：155.2 米
冠幅：东西 6 米，南北 7.5 米
树龄：约 110 年
位置：东门外广场路北小花园

编号:110131B07272

树种:侧柏

树高:15.8 米

胸围:152 厘米

冠幅:东西 6.5 米,南北 6 米

树龄:约 110 年

位置:东门外广场路北小花园

最佳打卡时间:全年

图 4-35 五星聚柏树

打卡点 2

## 香山饭店

### 打卡古树：会见松（图 4-36）

编号：110131B09527

树种：油松

树高：8 米

胸围：240 厘米

冠幅：东西 9 米，南北 11 米

树龄：约 110 年

位置：香山饭店

最佳打卡时间：全年

图 4-36　会见松

打卡点 3

## 香山寺

### 打卡古树：听法松

### 听法松 1（图 4-37、图 4-38）

编号：110131A08552

树种：油松

树高：11.6 米

胸围：298 厘米

冠幅：东西 12.9 米，南北 12.5 米

树龄：约 310 年

位置：香山寺天王殿前路南东侧

最佳打卡时间：全年

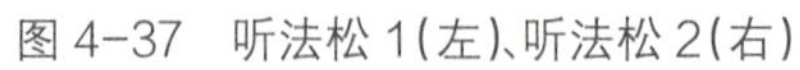

图 4-37　听法松 1（左）、听法松 2（右）

图 4-38　听法松

## 听法松 2（图 4-37、图 4-38）

编号：110131A08553

树种：油松

树高：11.7 米

胸围：330 厘米

冠幅：东西 11.1 米，南北 11.9 米

树龄：约 310 年

位置：香山寺天王殿前路南西侧

最佳打卡时间：全年

## 知松园

### 打卡古树：古油松群（图 4-39）

编号：110131A07454 等

树种：油松

树高：9.3~16.5 米

胸围：118~283 厘米

冠幅：平均 7~14.8 米

树龄：110~310 年

位置：香山公园知松园

最佳打卡时间：全年

图 4-39　古油松群

## 见心斋

打卡古树：凤栖松　并蒂松

### 凤栖松（图 4-40）

编号：110131A07714

树种：油松

树高：13.9 米

胸围：265 厘米

冠幅：东西 9.7 米，南北 11.5 米

树龄：约 310 年

位置：见心斋东侧

最佳打卡时间：全年

### 并蒂松（图 4-41）

编号：110131A07752

树种：油松

树高：17.8 米

胸围：333 厘米

冠幅：东西 12.7 米，南北 13.3 米

树龄：约 310 年

位置：见心斋东侧路西

最佳打卡时间：全年

图 4-40　凤栖松

图 4-41　并蒂松

## 四、景山公园

景山是一座人工堆砌的土山，位于明清紫禁城北侧，西苑东侧，曾是元、明、清北京城市中轴线的制高点，作为元、明、清三代的大内御苑，是北京历史最悠久的皇家园林之一。景山公园内古树参天，山峰独秀，殿宇巍峨，登高可俯瞰故宫，其主景建筑万春亭与北海公园白塔互为对景，是体现明清皇家园林文化的经典实例。

景山公园占地面积约23公顷，共有古树1025株，树种主要包括白皮松、侧柏、桧柏、国槐、栾树、银杏及油松等。景山公园面积约为北海公园的三分之一，但古树数量却比北海公园多近一倍，可以说松柏成林，遮天蔽日。其中与明清皇帝相关或有故事的古树众多。

景山公园的古树明星包括虬龙柏、二将军柏（南北两株）、槐中槐、拧丝柏等（表4-5）。

景山公园古树打卡游线（图4-42）：

**观德殿→永恩殿→寿皇殿→宝坊东南侧山道**

表4-5 景山公园古树打卡游线基本信息

| 序号 | 古树名称及编号 | 古树位置 | 树龄（年） | 简要信息 |
| --- | --- | --- | --- | --- |
| 1 | 二将军柏（南）<br>110131A05965 | 景山公园牡丹园东侧 | 810 | 南北两株，康熙封 |
| 2 | 二将军柏（北）<br>110131A05964 | 景山公园牡丹园东侧 | 810 | 南北两株，康熙封 |
| 3 | 槐中槐<br>110131A06045 | 永思殿前 | 1210 | 景山最老的古树，原树干中空，在空腐的主干中又长出一株小槐树 |
| 4 | 拧丝柏<br>110131A13844 | 寿皇殿正殿前 | 310 | 干纹大多为拧丝状 |
| 5 | 虬龙柏<br>110131A06188 | 后山山腰路侧 | 810 | 与明嘉靖皇帝相关 |

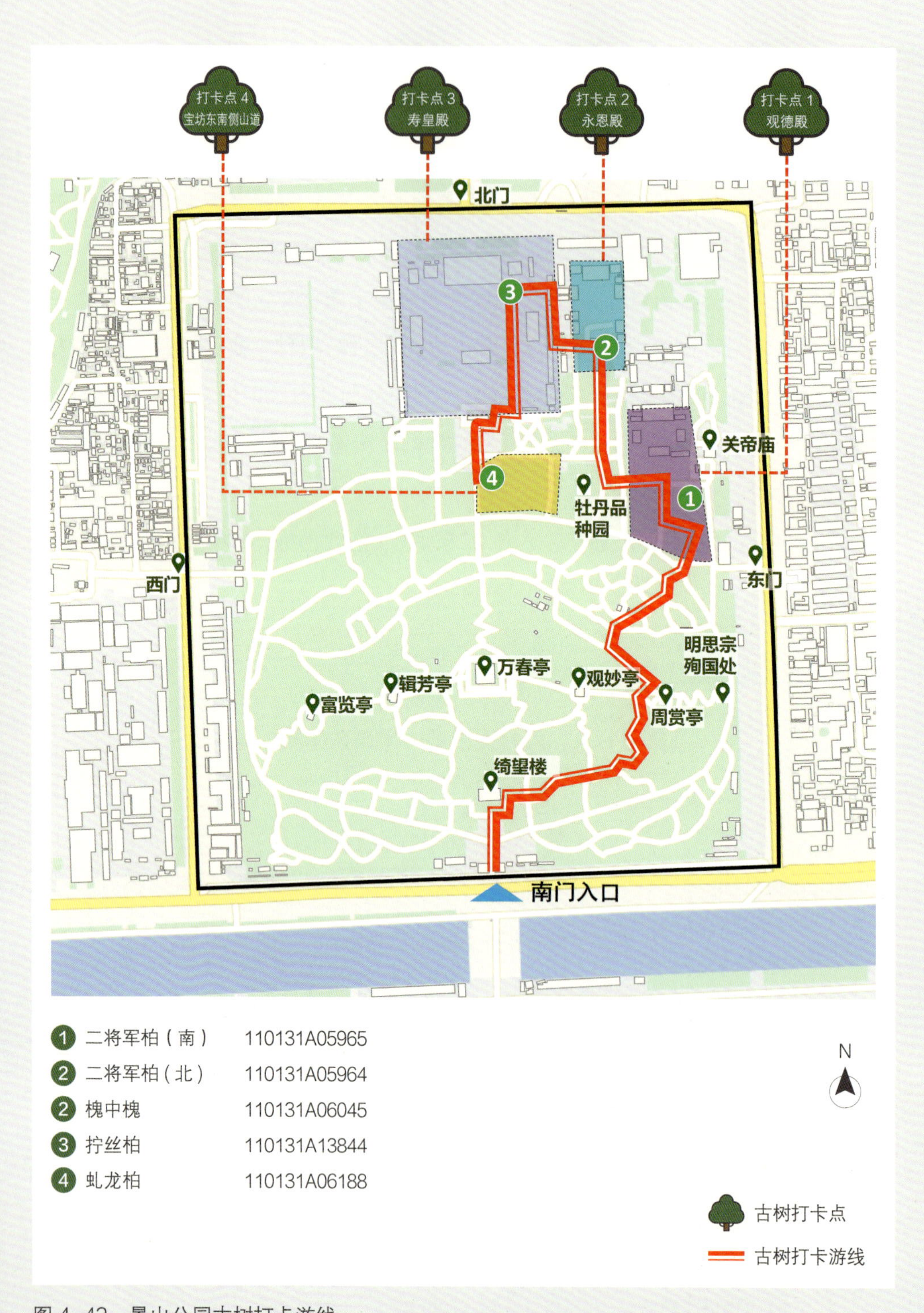


图 4-42 景山公园古树打卡游线

## 观德殿

### 打卡古树：二将军柏（南）、二将军柏（北）

#### 二将军柏（南）（图 4-43）

编号：110131A05965

树种：侧柏

树高：12 米

胸围：268 厘米

冠幅：东西 8 米，南北 8 米

树龄：约 810 年

位置：景山公园牡丹园东侧

最佳打卡时间：全年

#### 二将军柏（北）（图 4-43）

编号：110131A05964

树种：侧柏

树高：12 米

胸围：318 厘米

冠幅：东西 8 米，南北 8 米

树龄：约 810 年

位置：景山公园牡丹园东侧

最佳打卡时间：全年

图 4-43 二将军柏

图 4-44　槐中槐

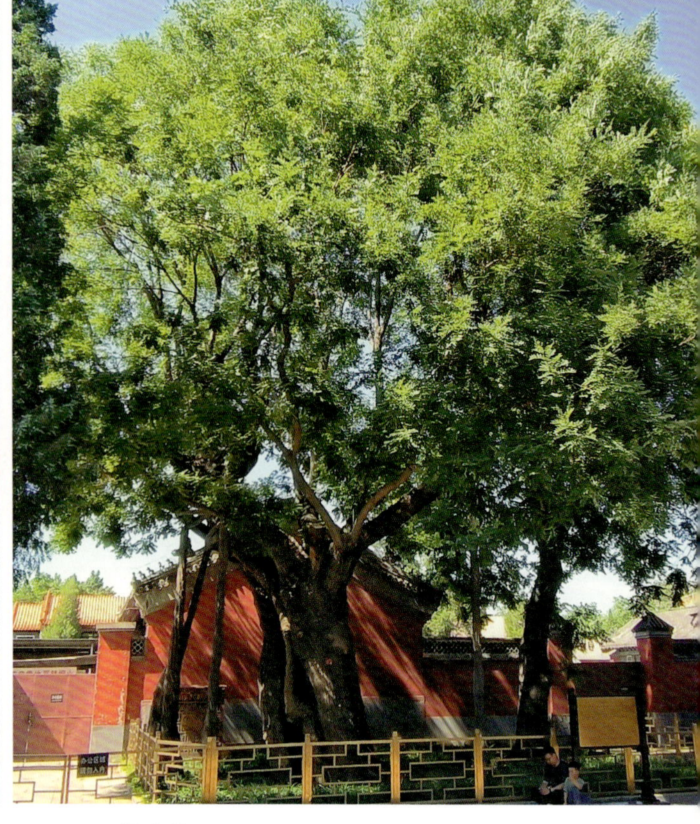

图 4-45　槐中槐

### 打卡点 2　永恩殿山门

打卡古树：槐中槐（图 4-44、图 4-45）

编号：110131A06045

树种：国槐

树高：20 米

胸围：200 厘米

冠幅：东西 16.9 米，南北 13.3 米

树龄：约 1210 年

位置：永思殿前

最佳打卡时间：4—10 月

### 打卡点 3　寿皇殿

打卡古树：拧丝柏（图 4-46）

编号：110131A13844

树种：桧柏

树高：6 米

胸围：230 厘米

冠幅：东西 4.7 米，南北 5.6 米

树龄：约 310 年

位置：寿皇殿正殿前

最佳打卡时间：全年

图 4-46 拧丝柏

图 4-47 虬龙柏

打卡点 4

## 宝坊东南侧山道

打卡古树：虬龙柏
（图 4-47）

编号：110131A06188

树种：桧柏

树高：10 米

胸围：300 厘米

冠幅：东西 6 米，南北 6 米

树龄：约 810 年

位置：后山山腰路侧

最佳打卡时间：全年

## 第三节

# 坛庙内的古树

祭祀是人们向自然、神灵、鬼魂、祖先、繁殖等表示一种意向的活动仪式的总称。伴随祭祀活动相应产生的场所、构筑物和建筑物，称为坛庙（潘谷西《中国建筑史》）。根据祭祀对象的不同，坛庙可分为三大类。第一类为祭祀自然的祭坛，如天坛、地坛、日坛、月坛、社稷坛、先农坛等；第二类为祭祀祖先的坛庙，帝王祖庙称太庙，官员或百姓祖庙称家庙或祠庙；第三类为祭祀先贤的祠庙，如孔庙、武侯祠等。

坛庙是我国古代礼制建筑中的重要类型，树木作为礼制的表达和象征在坛庙中广泛栽植，因此，北京坛庙内保存有大量古树群。

## 一、天坛

天坛位于正阳门外东侧，始建于明永乐年间，初为天地合祭，嘉靖时期改为分祭，立天（南）、地（北）、日（东）、月（西）之坛于北京四郊，清代又有所改扩建。作为明清两代最高等级的祭祀场所，天坛是现存规模最大、形制最完整的祭祀场所。天坛平面布局北呈圆形，南为方形，寓意“天圆地方”。天坛四周环筑内、外坛墙两道，坛内栽植了大量树木，以树木衬托祭坛广袤、肃穆、神圣的空间氛围。历尽沧桑的天坛以其深刻的文化内涵、高超的建筑技术与艺术，成为北京文明的象征之一。

天坛共有古树 3562 株，主要树种为侧柏、桧柏、油松、国槐、银杏等，其中绝大多数为侧柏和桧柏。天坛内坛古树采用纵横有序的规则布局形式，树木间距基本一致；外坛古树布局呈散点状，没有明显的规律。这种树木栽植方式被称为“内仪外海”，即内部为仪树，外部为海树。

天坛的古树明星以柏树为多，包括九龙柏、问天柏、莲花柏、卧龙柏等（表 4-6）。

天坛公园古树打卡游线(图 4-48):

**皇穹宇外广场→祈年殿西柏林→长廊→七星石南柏林**

表 4-6 天坛公园古树打卡游线基本信息

| 序号 | 古树名称及编号 | 古树位置 | 树龄(年) | 简要信息 |
|---|---|---|---|---|
| 1 | 问天柏<br>110131A03551 | 皇穹宇西侧 | 510 | 枯枝呈问天姿态 |
| 2 | 迎客柏<br>110131A03481 | 成贞门西 100 米处坛墙下 | 620 | 伸展长枝似迎客的手臂 |
| 3 | 九龙柏<br>110131A03457 | 回音壁外西北角 | 620 | 乾隆皇帝御封,北京“十大最美树王”之“桧柏之王” |
| 4 | 卧龙柏<br>110131A02251 | 祈年殿花甲门西南侧古柏林 | 330 | 20 世纪 90 年代,暴雨致柏树倒伏,呈“卧龙”姿态 |
| 5 | 柏抱槐<br>110131A04098 | 祈年殿东侧 | 590 | 国槐生长于侧柏主干上,又称“槐柏合抱” |
| 6 | 莲花柏<br>110131A04133 | 北神厨东墙外长廊北 | 620 | 多干丛生,向四周张开,形似莲花 |
| 7 | 人字柏<br>110131B04343 | 长廊南侧古柏林 | 290 | 主干下半部分开,上半部长在一起,形似“人”字 |

图 4-48 天坛公园古树打卡游线

## 皇穹宇外广场

### 打卡古树：问天柏、迎客柏、九龙柏

#### 问天柏（图 4-49）

编号：110131A03551

树种：桧柏

树高：11 米

胸围：285 厘米

冠幅：东西 13 米，南北 9 米

树龄：约 510 年

位置：皇穹宇西侧

最佳打卡时间：全年

图 4-49 问天柏

#### 迎客柏（又称佛肚柏）（图 4-50）

编号：110131A03481

树种：桧柏

树高：8.5 米

胸围：508 厘米

冠幅：东西 11.7 米，南北 11.2 米

树龄：约 620 年

位置：成贞门西 100 米处坛墙下

最佳打卡时间：全年

图 4-50 迎客柏

## 九龙柏（图 4-51、图 4-52）

编号：110131A03457

树种：桧柏

树高：12.2 米

胸围：359 厘米

冠幅：东西 7.4 米，南北 6.2 米

树龄：620 年

位置：回音壁外西北角

最佳打卡时间：全年

图 4-51　九龙柏

图 4-52　九龙柏

图 4-53 卧龙柏

打卡点 2

## 祈年殿

### 打卡古树:卧龙柏(图 4-53)

编号:110131A02251

树种:侧柏

树高:7.5 米

胸围:141 厘米

冠幅:东西 6.8 米,南北 7.4 米

树龄:330 年

位置:祈年殿花甲门西南侧古柏林

最佳打卡时间:全年

打卡点 3

## 长廊

### 打卡古树：柏抱槐、莲花柏、人字柏

#### 柏抱槐（图 4-54、图 4-55）

编号：110131A04098

树种：国槐、侧柏

树高：10.5 米

胸围：656 厘米

冠幅：东西 9.5 米，南北 8.4 米

树龄：约 590 年

位置：祈年殿东侧

最佳打卡时间：4—10 月

#### 莲花柏（图 4-56、图 4-57）

编号：110131A04133

树种：桧柏

树高：8.2 米

胸围：630 厘米

冠幅：东西 2.6 米，南北 6 米

树龄：约 620 年

位置：北神厨东墙外长廊北

最佳打卡时间：全年

图 4-54 柏抱槐

图 4-55 柏抱槐

图 4-56 莲花柏

图 4-57　莲花柏

## 人字柏（图 4-58）

编号：110131B04343

树种：侧柏

树高：8.6 米

胸围：188 厘米

冠幅：东西 6.6 米，南北 7.5 米

树龄：约 290 年

位置：长廊南侧古柏林

最佳打卡时间：全年

图 4-58　人字柏

## 二、地坛

地坛始建于明代嘉靖年间，是明清两朝帝王祭祀“皇地祇”神的场所。天坛与地坛分别位于明清北京城的南侧、北侧，一圆一方，寓意“天圆地方”。

地坛现存古树共 176 株，其中一级古树 89 株，二级古树 87 株，主要树种包括侧柏、桧柏、国槐、枣树、榆树、银杏、楸树等，其中侧柏、桧柏占绝大多数。

地坛公园的古树明星为明代建坛之初保留下来的树龄达 400 余年的独臂将军柏、大将军柏、老将军柏（表 4-7）。

地坛公园古树打卡游线（图 4-59）：

**地坛公园东门→方泽坛外坛墙**

表 4-7　地坛公园古树打卡游线基本信息

| 序号 | 古树名称及编号 | 古树位置 | 树龄（年） | 简要信息 |
| --- | --- | --- | --- | --- |
| 1 | 大将军柏<br>110101A02276 | 方泽坛外坛墙西南角 | 400 | 树形饱满，似威武的大将军 |
| 2 | 独臂将军柏<br>110101A02307 | 方泽坛外坛墙西北角 | 400 | 曾屡次受创，仅存一主枝 |
| 3 | 老将军柏<br>110101A02298 | 方泽坛外坛墙南棂星门外东侧 | 400 | 部分主干枯死，似老当益壮的老将军 |

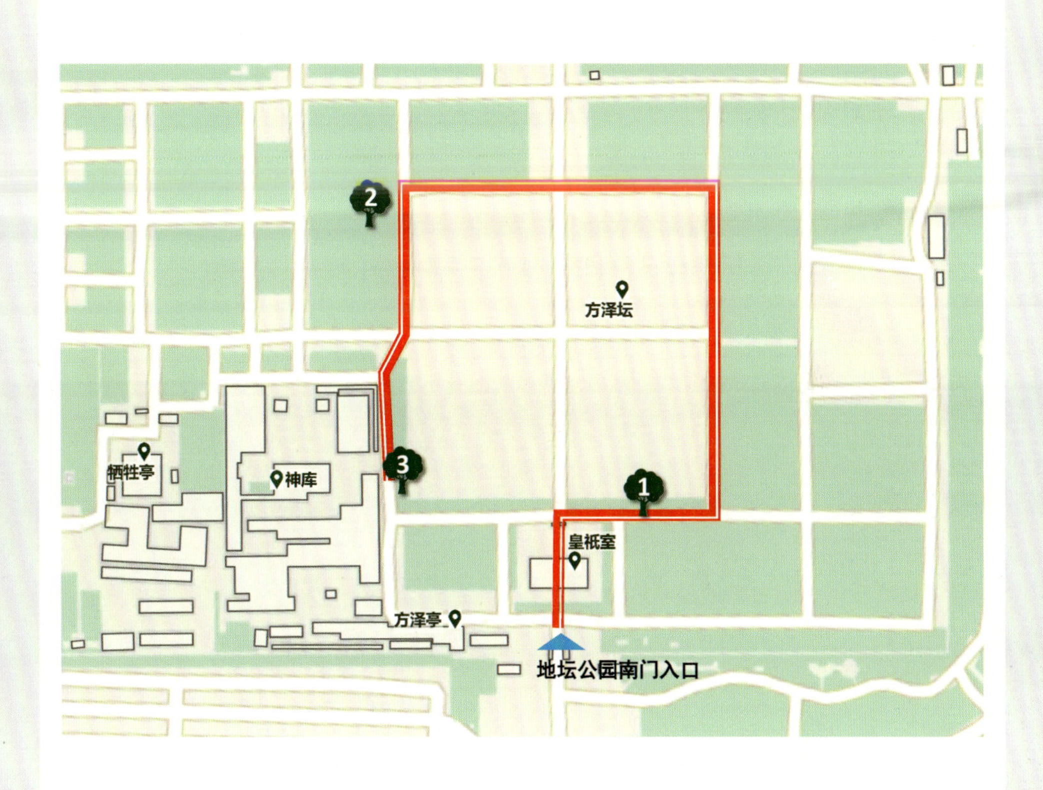


1 大将军柏 110101A02276
2 独臂将军柏 110101A02307
3 老将军柏 110101A02298

N

古树打卡游线

图 4-59 地坛公园古树打卡游线

## 南坛墙外

### 打卡古树:大将军柏(图 4-60、图 4-61)

编号:110101A02276

树种:侧柏

树高:11 米

胸围:464 厘米

冠幅:东西 9.4 米,南北 10.8 米

树龄:约 400 年

位置:方泽坛外坛墙西南角

最佳打卡时间:全年

图 4-60　大将军柏

图 4-61　大将军柏

图 4-62 独臂将军柏

图 4-63 独臂将军柏

打卡点 2

## 西坛墙外北侧

### 打卡古树：独臂将军柏（图 4-62、图 4-63）

编号：110101A02307

树种：桧柏

树高：6 米

胸围：310 厘米

冠幅：东西 9.5 米，南北 6.7 米

树龄：约 400 年

位置：方泽坛外坛墙西北角

最佳打卡时间：全年

## 西坛墙外南侧

### 打卡古树：老将军柏（图 4-64 至图 4-66）

编号：110101A02298

树种：桧柏

树高：13 米

胸围：383 厘米

冠幅：东西 9.7 米，南北 9.1 米

树龄：约 400 年

位置：方泽坛外坛墙南棂星门外东侧

最佳打卡时间：全年

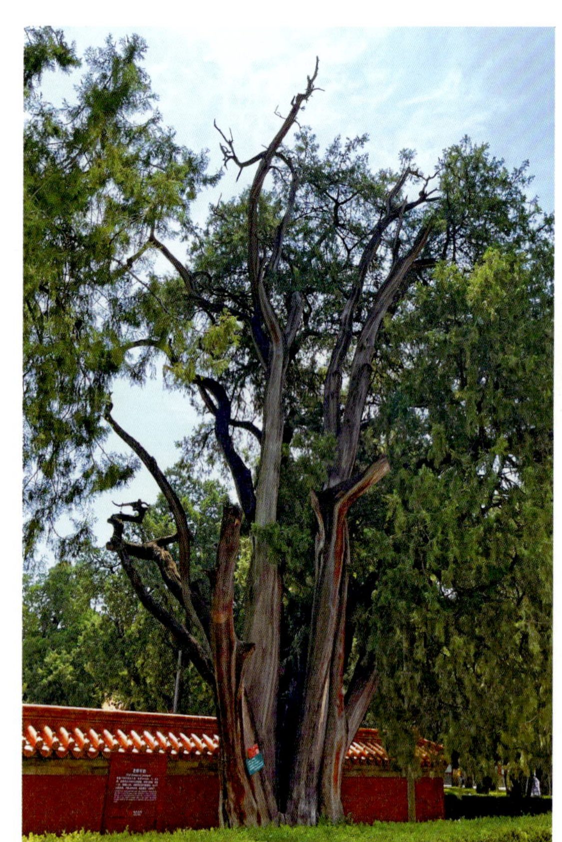

图 4-64　老将军柏

图 4-65　老将军柏

图 4-66　老将军柏

## 三、社稷坛（现中山公园）

“社”、“稷”分别指土神和谷神，社稷坛即为祭祀土神和谷神的场所及建筑。中国夏代开始有于社坛栽植油松的记载，即以油松作为祭祀的木主。夏以后，“社稷”成为规制。《周礼·地官·大司徒》记载：“设其社稷之壝而树之田主，各以其野之所宜木，遂以名其社与其野。”即周代官员负责设立各国社稷的壝坛，以树作为土神、谷神凭依之物，选择当地乡土树木种植，并用树名作为社和地方的名称。此后社稷坛的制度沿袭下来。

明清时期的社稷坛位于紫禁城外午门南侧，与太庙（现劳动人民文化宫）一西一东分布在城市中轴线两侧，沿袭了周代以来“左祖右社”的建筑礼制。社稷坛高三层，上铺五色土，象征东（青色）、西（白色）、南（赤色）、北（黑色）、中（黄色）天下五方之土均归皇帝所有，坛外设坛墙，坛内按照坛庙礼制规则式栽植了大量柏树。为纪念伟大的民主革命先驱孙中山先生，1928年社稷坛改名为中山公园。

中山公园共有古树名木612株，以侧柏和桧柏为主，此外还有4株古国槐和6株名木云杉。

园内古树部分为明初修建社稷坛时栽植。公园南门外曾为辽代兴国寺遗址，保留有千年柏树7株，称为“辽柏”，是北京二环内规格最大的柏树。中山公园内还有一株独具特色的古树——槐柏合抱，由侧柏和国槐合二为一形成（表4-8）。

中山公园古树打卡游线（图4-67）：

**中山公园南门→孙中山像→南坛墙西南角**

表 4-8 中山公园古树打卡游线基本信息

| 序号 | 古树名称及编号 | 古树位置 | 树龄（年） | 简要信息 |
| --- | --- | --- | --- | --- |
| 1 | 槐柏合抱<br>110131A07042 | 南坛门外东侧 | 柏树约 500 年，国槐 200 余年 | 树中树 |
| 2 | 辽柏<br>110131A06919 | 南坛门外东侧 | 1000 | 共 7 株，种植于辽代 |
| 3 | 辽柏<br>110131A06918 | 南坛门外东侧 | 1000 | |
| 4 | 辽柏<br>110131A06916 | 南坛门外东侧 | 1000 | |
| 5 | 辽柏<br>110131A06915 | 南坛门外东侧 | 1000 | |
| 6 | 辽柏<br>110131A06914 | 南坛门外东侧 | 1000 | |
| 7 | 辽柏<br>110131A06676 | 南坛门外西侧 | 1000 | |
| 8 | 辽柏<br>110131A06689 | 南坛门外西侧 | 1000 | |

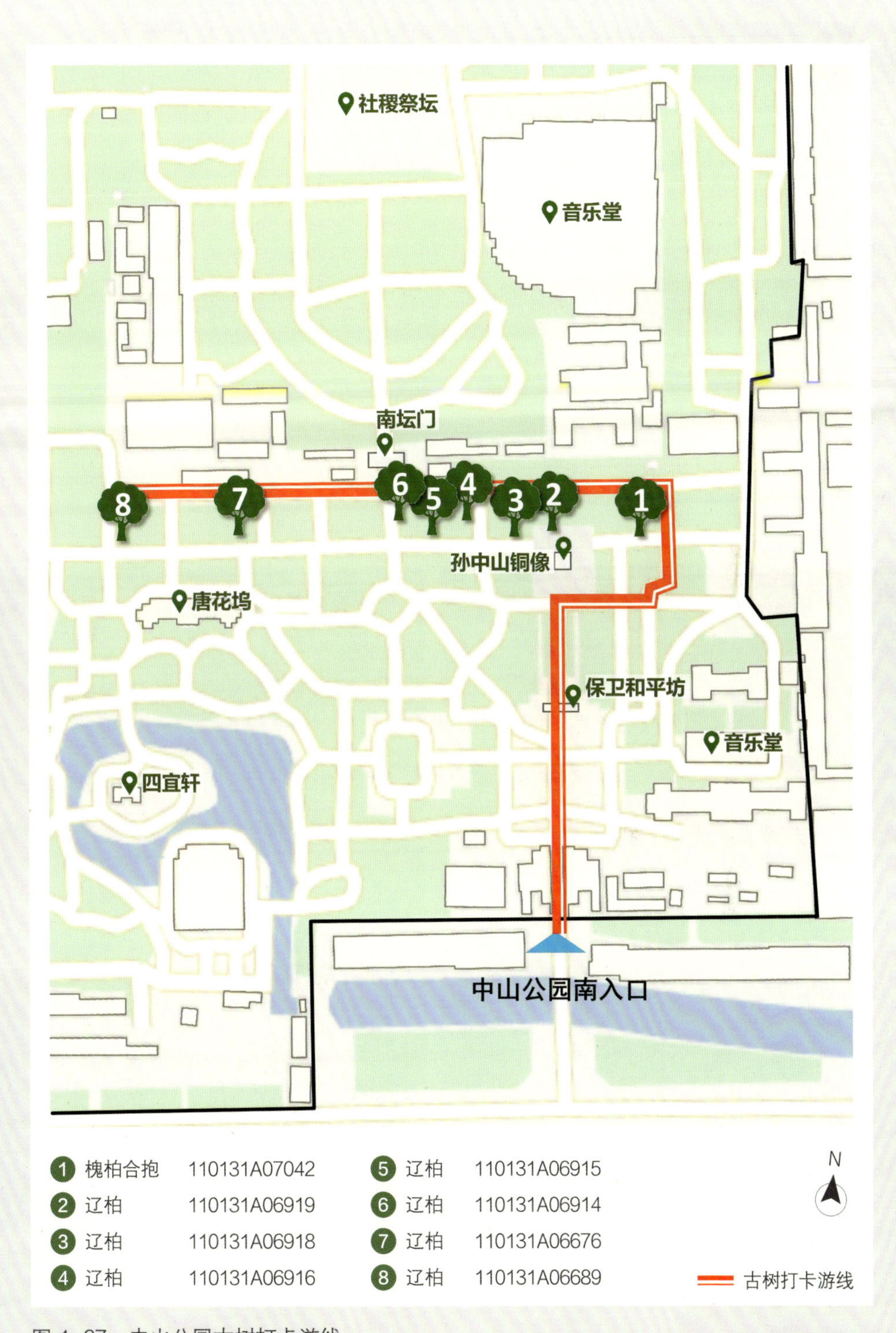


图 4-67 中山公园古树打卡游线

## 打卡古树：槐柏合抱（图 4-68、图 4-69）

编号：110101A07042

树种：侧柏、国槐（生长于古柏树干裂缝）

树高：13 米

胸围：366 厘米

冠幅：东西 13 米，南北 17 米

树龄：柏树 500 余年，国槐 200 余年

位置：南坛门外东侧

最佳打卡时间：4–10 月

图 4-68 槐柏合抱

图 4-69 槐柏合抱

图 4-70 辽柏

图 4-71 辽柏

图 4-72 辽柏

打卡古树:辽柏(7 株)

辽柏(图 4-70)

编号:110131A06919

树种:侧柏

树高:17 米

胸围:520 厘米

冠幅:东西 17.4 米,南北 15 米

树龄:约 1000 年

位置:南坛门外东侧

最佳打卡时间:全年

辽柏(图 4-71)

编号:110131A06918

树种:侧柏

树高:10 米

胸围:550 厘米

冠幅:东西 13.9 米,南北 16.4 米

树龄:约 1000 年

位置:南坛门外东侧

最佳打卡时间:全年

辽柏(图 4-72)

编号:110131A06916

树种:侧柏

树高:15.6 米

胸围:500 厘米

冠幅:东西 15 米,南北 17 米

树龄:约 1000 年

位置:南坛门外东侧

最佳打卡时间:全年

图 4-73 辽柏

图 4-74 辽柏

## 辽柏(图 4-73)

编号:110131A06915

树种:侧柏

树高:18.7 米

胸围:625 厘米

冠幅:东西 18 米,南北 24 米

树龄:约 1000 年

位置:南坛门外东侧

最佳打卡时间:全年

## 辽柏(图 4-74)

编号:110131A06914

树种:侧柏

树高:16.6 米

胸围:560 厘米

冠幅:东西 11 米,南北 20 米

树龄:约 1000 年

位置:南坛门外东侧

最佳打卡时间:全年

## 辽柏(图 4-75)

编号:110131A06676

树种:侧柏

树高:13 米

胸围:580 厘米

冠幅:东西 12 米,南北 17 米

树龄:约 1000 年

位置:南坛门外西侧

最佳打卡时间:全年

## 辽柏(图 4-76)

编号:110131A06689

树种:侧柏

树高:12 米

胸围:504 厘米

冠幅:东西 10.5 米,南北 10.5 米

树龄:约 1000 年

位置:南坛门外西侧

最佳打卡时间:全年

图 4-75 辽柏

图 4-76 辽柏

## 四、太庙（现劳动人民文化宫）

太庙是明清两代帝王的祖庙，位于午门南侧，与社稷坛（现中山公园）一起分列于北京城市中轴线东、西两侧。太庙始建于明初永乐年间，但现存建筑大部分为明嘉靖年间重建。太庙正殿 11 间，规格与太和殿相同，为紫禁城内等级最高的殿宇。太庙内按照礼制建筑规制行列式栽植了大量柏树。太庙为中国现存最完整、规模最宏大的皇家祭祖建筑群。1950 年，太庙改为“北京市劳动人民文化宫”，并对外开放。

劳动人民文化宫内共有古树 714 株，其中一级古树 497 株，二级古树 217 株。树种主要为侧柏，并有少量桧柏，2 株国槐、1 株榆树和 1 株白皮松。700 余株古树古朴苍翠，环绕在建筑群四周，与红墙、金黄色琉璃瓦、蓝绿彩画的古建筑群交相辉映，形成庄严、肃穆的环境氛围。太庙的古树明星包括明成祖手植柏、神柏、鹿形柏等（表 4-9）。

劳动人民文化宫古树打卡游线（图 4-77）：

**琉璃门→太庙右门→北墙外**

表 4-9　劳动人民文化宫古树打卡游线基本信息

| 序号 | 古树名称及编号 | 古树位置 | 树龄（年） | 简要信息 |
|---|---|---|---|---|
| 1 | 神柏<br>110101A00968 | 琉璃门西南侧绿地 | 600 | 传说三次栽植柏树均失败，换土后由明成祖亲自栽植，神奇成活 |
| 2 | 鹿形柏<br>110101B01562 | 太庙右门东侧柏林 | 200 | 从东北方向观看，形似梅花鹿 |
| 3 | 树上柏<br>110101A01285 | 北墙外西侧 | 400 | 斜枝上由长出一株柏树 |
| 4 | 明成祖手植柏<br>110101A01307 | 北墙外西侧 | 600 | 相传为明成祖朱棣所植 |

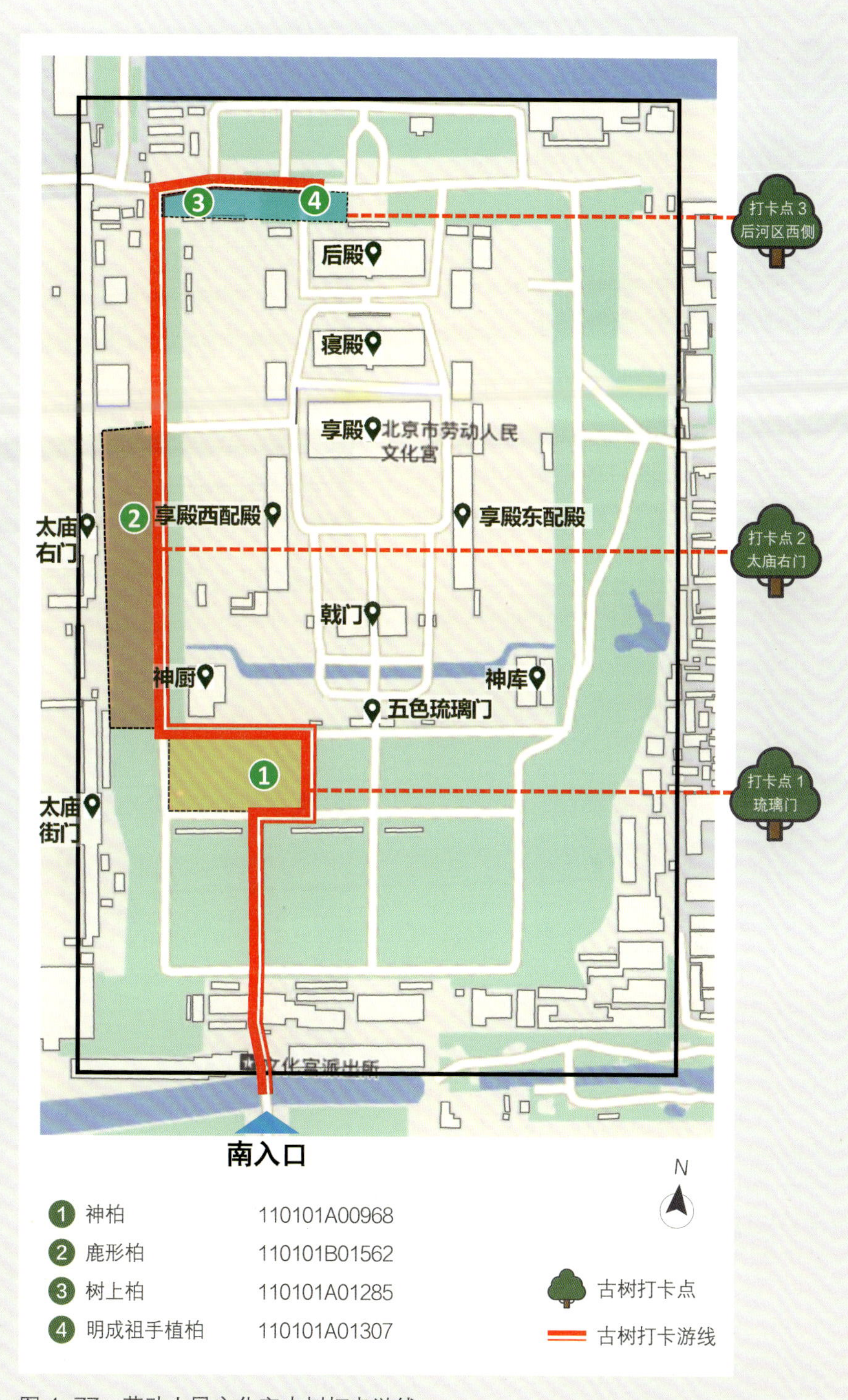


图 4-77 劳动人民文化宫古树打卡游线

打卡点 1

## 琉璃门

### 打卡古树：神柏（图 4-78）

编号：110101A00968

树种：侧柏

树高：11 米

胸围：427 厘米

冠幅：东西 10.2 米，南北 14.7 米

树龄：约 600 年

位置：琉璃门西南侧绿地

最佳打卡时间：全年

图 4-78　神柏

## 太庙右门

### 打卡古树：鹿形柏（图 4-79）

编号：110101B01562

树种：侧柏

树高：7 米

胸围：113 厘米

冠幅：东西 7 米，南北 3.5 米

树龄：约 200 年

位置：太庙右门东侧柏林

最佳打卡时间：全年

图 4-79　鹿形柏

## 北墙外

### 打卡古树：树上柏、明成祖手植柏

#### 树上柏（图 4-80、图 4-81）

编号：110101A01285

树种：侧柏

树高：14.7 米

胸围：314 厘米

冠幅：东西 10.4 米，南北 9.8 米

树龄：约 400 年

位置：北墙外西侧

最佳打卡时间：全年

#### 明成祖手植柏（图 4-82）

编号：110101A01307

树种：侧柏

树高：14 米

胸围：392 厘米

冠幅：东西 12.5 米，南北 14.3 米

树龄：约 600 年

位置：北墙外西侧

最佳打卡时间：全年

图 4-80 树上柏

图 4-81 树上柏

图 4-82 明成祖手植柏

## 五、孔庙和国子监（现孔庙和国子监博物馆）

孔庙和国子监始建于元代，经明清两代陆续改扩建，形成现在的规制。孔庙（西）与国子监（东）相邻，符合“左庙右学”之制，两组建筑群均采取中轴对称的传统建筑布局方式。孔庙与国子监曾经是元、明、清三代皇帝祭祀孔子的场所和国家的最高学府，其中孔庙是仅次于山东曲阜孔庙的第二大孔庙，国子监是我国唯一保存完整的古代最高学府校址。2005 年 3 月，孔庙和国子监博物馆成立，并于 2008 年 6 月正式对公众开放。孔庙和国子监博物馆以其悠久的历史，独特的建筑风貌，深厚的文化内涵成为北京内城标志性建筑群。

孔庙和国子监博物馆共有古树 150 株，其中一级古树 90 株，二级古树 60 株，树种以侧柏、桧柏为主，也有部分国槐。孔庙与国子监博物馆的古树中许多为元代栽植，历史悠久，达到约 700 年的树龄。森森柏树与古建筑结合，烘托出幽深、静谧的学府氛围。如今，孔庙内的元代建筑已不存，但栽植于元代的古树仍郁郁葱葱，亭亭如盖，它们是元、明、清三代皇帝尊儒尚学的历史见证。

孔庙和国子监博物馆的古树明星包括触奸柏、复苏槐、罗锅槐、柏上桑等（表 4-10）。

孔庙和国子监古树打卡游线（图 4-83）：

**孔庙大成殿→孔子一进院西侧碑亭→辟雍西北侧绿地**

表 4-10　孔庙和国子监博物馆古树打卡游线基本信息

| 序号 | 古树名称及编号 | 古树位置 | 树龄（年） | 简要信息 |
| --- | --- | --- | --- | --- |
| 1 | 触奸柏<br>110101A02176 | 孔庙大成殿西南侧 | 约 700 | 刮掉奸臣的帽子 |
| 2 | 柏上桑<br>110101A02189 | 孔庙一进院西侧碑亭西 | 约 700 | 树中树；<br>许衡手植柏树 |
| 3 | 复苏槐<br>110101A02086 | 辟雍西北侧绿地 | 约 700 | 乾隆皇帝赐名 |
| 4 | 罗锅槐<br>110101A02083 | 辟雍西北侧绿地 | 约 700 | 与乾隆皇帝、刘墉相关 |

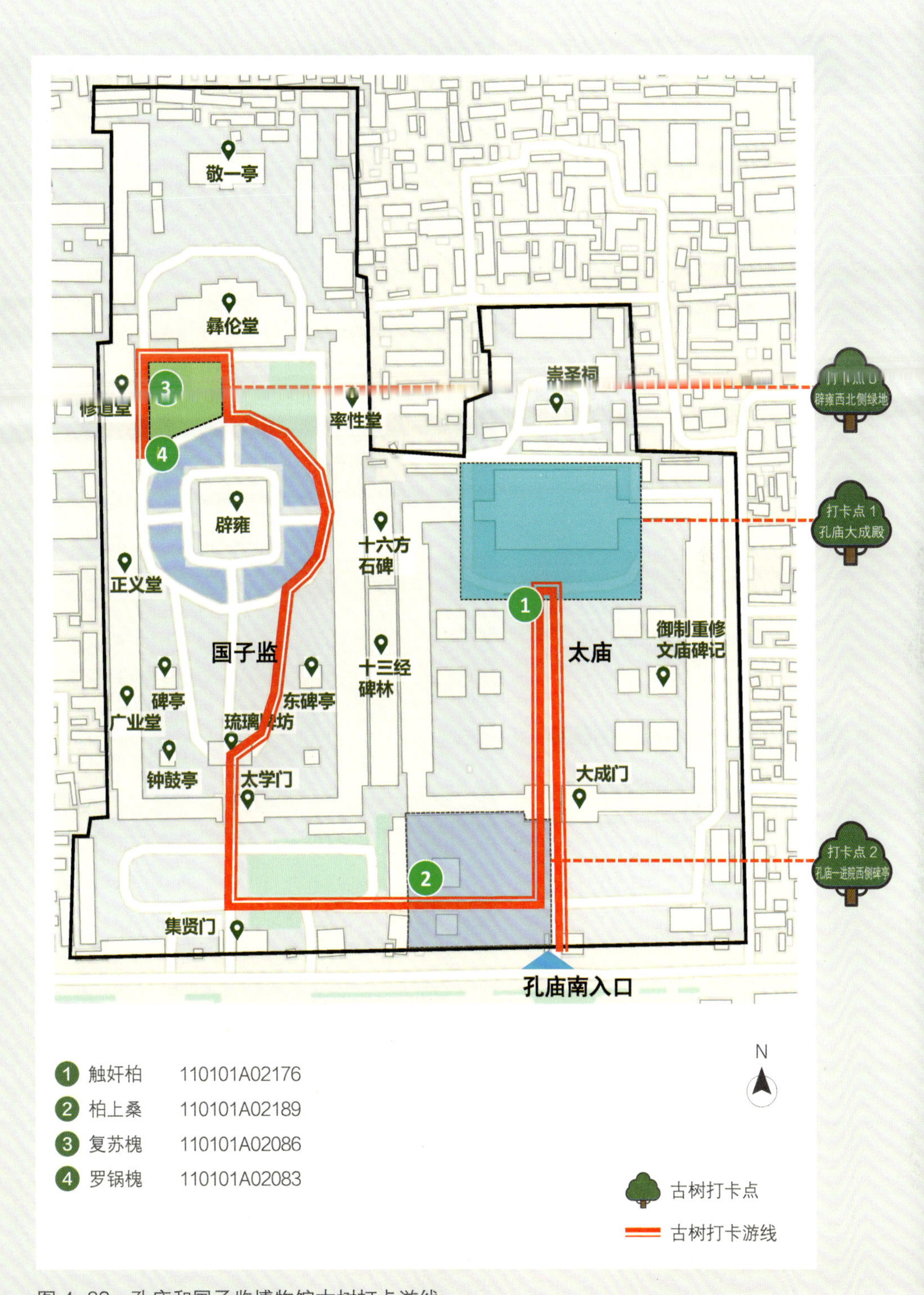


图 4-83 孔庙和国子监博物馆古树打卡游线

## 孔庙大成殿

打卡古树：触奸柏

（图 4-84）

编号：110101A02176

树种：桧柏

树高：12 米

胸围：547 厘米

冠幅：东西 15 米，南北 14.8 米

树龄：约 700 年

位置：孔庙大成殿西南侧

最佳打卡时间：全年

## 孔庙一进院西侧碑亭

打卡古树：柏上桑

（图 4-85）

编号：110101A02189

树种：桧柏

树高：14 米

胸围：393 厘米

冠幅：东西 10.8 米，南北 14 米

树龄：约 700 年

位置：孔庙一进院西侧碑亭西

最佳打卡时间：全年

图 4-84　触奸柏

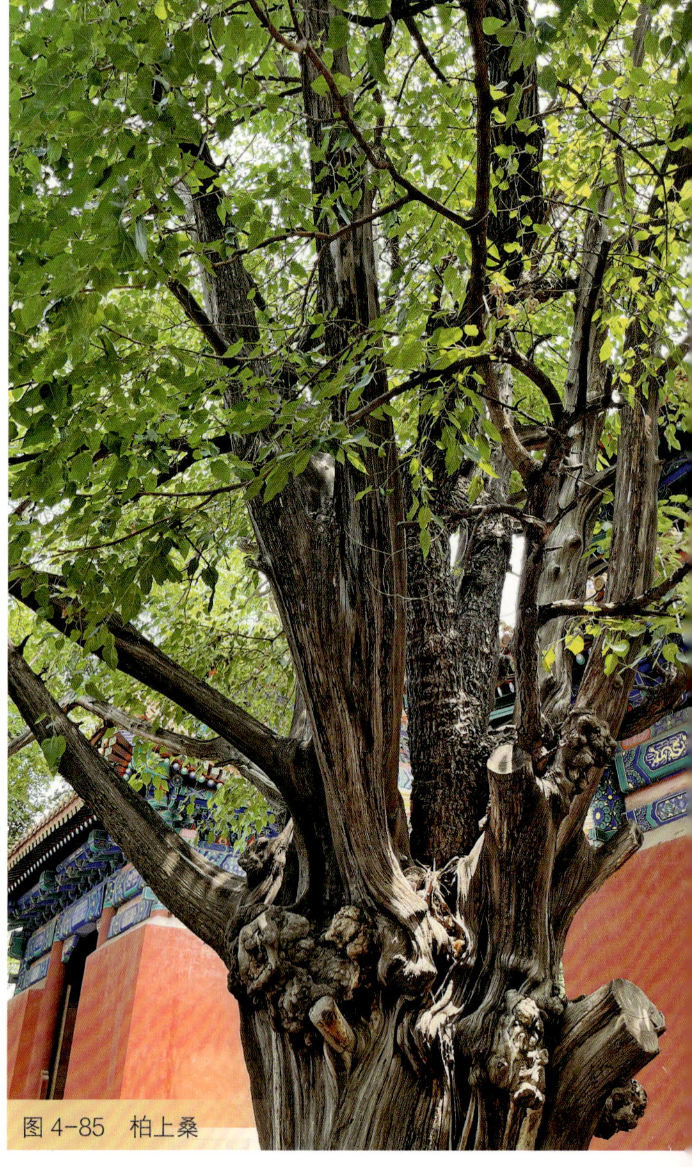

图 4-85　柏上桑

图 4-86　复苏槐

图 4-87　罗锅槐

打卡点 3

## 辟雍西北侧绿地

打卡古树：复苏槐（吉祥槐）、罗锅槐

### 复苏槐（吉祥槐）（图 4-86）

编号：110101A02086

树种：国槐

树高：8 米

胸围：226 厘米

冠幅：东西 15.4 米，南北 18.8 米

树龄：约 700 年

位置：壁雍西北侧绿地

最佳打卡时间：4—10 月

### 罗锅槐（图 4-87）

编号：110101A02083

树种：国槐

树高：17 米

胸围：420 厘米

冠幅：东西 18 米，南北 14.5 米

树龄：约 700 年

位置：壁雍西北侧绿地

最佳打卡时间：4—10 月

# 第四节

# 寺庙内的古树

佛教在西汉末年传入中国后，佛寺建筑得到了空前发展，由城市及其近郊而逐渐至山野地带。佛教寺院也是古代城市居民主要的休闲场所之一。

寺庙中，主要的殿堂庭院、僧房庭院，均遍植树木。殿堂中较常栽植的有银杏、油松、侧柏、国槐、七叶树等，僧房庭院中也往往栽植国槐、玉兰等，体现佛寺宗教氛围的同时也具有“禅房花木深”的生活气息。因此，北京寺庙建筑中古树众多。

## 一、潭柘寺

潭柘寺位于门头沟区东南部的潭柘山麓，始建于西晋年间，是北京有记载的年代最久远的寺庙。潭柘寺建寺以来屡经改建、扩建，目前的规模主要是明代时期形成的。潭柘寺是北京佛教文化的发祥地之一，民间有“先有潭柘寺，后有幽州城”的说法。其建筑规模当属京城佛教寺院之最。

潭柘寺共有古树180株，其中一级古树32株，二级古树148株，树种包括侧柏、桧柏、油松、银杏、国槐、白皮松、七叶树、二乔玉兰、柘树等。由于所处自然环境优越，潭柘寺内植物年代悠久、品类繁多，其中的珍稀树种与千年以上古树均不在少数，古树已成为潭柘寺最靓丽的一张文化名片。潭柘寺的古树明星包括帝王树、配王树、登天柏（两株）、娑罗树（两株）、镇山柘树、二乔玉兰（两株）、双凤舞塔松（两株）等（表4-11）。

潭柘寺古树打卡游线（图4-88）：

**山门外→大雄宝殿、毗卢阁院落→方丈院→金刚延寿寺白塔**

表 4-11 潭柘寺古树打卡游线基本信息

| 序号 | 古树名称及编号 | 古树位置 | 树龄(年) | 简要信息 |
|---|---|---|---|---|
| 1 | 迎客松<br>110109B00683 | 嘉福宾舍前东北侧，与指路松相对 | 110 | 树冠主枝向路侧倾斜，仿佛欢迎宾客 |
| 2 | 指路松<br>110109B00682 | 嘉福宾舍前东北侧，与迎客松相对 | 110 | 主干向潭柘寺南门倾斜，仿佛为宾客指路 |
| 3 | 千年白皮松<br>110109A00719 | 安乐堂前院东侧 | 1010 | 千年古白皮松，树干雪白，树形优美 |
| 4 | 镇山柘树<br>110109B01657 | 山门前牌楼西侧 | 100 | 明朝时有“柘树千嶂”的记载，此树为目前仅余几株之一 |
| 5 | 盘龙松<br>110109A00674 | 南入口东侧 | 610 | 主干如巨龙盘曲，因而得名 |
| 6 | 卧龙松<br>110109A00675 | 南入口西侧 | 610 | 枝干横生，树冠巨大 |
| 7 | 娑罗树(东)<br>110109A00684 | 毗卢阁台阶下东侧 | 610 | 北京古娑罗树的代表 |
| 8 | 娑罗树(西)<br>110109A00685 | 毗卢阁台阶下西侧 | 610 | |
| 9 | 帝王树<br>110109A00677 | 毗卢阁台阶下东侧 | 1310 | 乾隆皇帝御封 |
| 10 | 配王树<br>110109A00676 | 毗卢阁台阶下西侧 | 1310 | 乾隆皇帝御封；民间也称“娘娘树”，实为雄树 |
| 11 | 登天柏(北)<br>110109A00678 | 方丈院内北侧 | 1310 | 也称“千年柏”，是北京地区最高的古柏树之一 |
| 12 | 登天柏(南)<br>110109A00679 | 方丈院内南侧 | 1310 | |
| 13 | 二乔玉兰<br>110109A00680<br>110109A00681 | 毗卢阁台阶下东侧 | 310 | 北京二乔玉兰之最 |
| 14 | 柏柿如意<br>110109B00745 | 毗卢阁前西侧 | 200 | 柏树、柿树相伴共生，枝叶交叠，以“百事如意”谐音而命名 |
| 15 | 双凤舞塔松(西)<br>110109A00704 | 圆通殿南侧 | 310 | 形似两只凤凰绕白塔翩翩起舞 |
| 16 | 双凤舞塔松(东)<br>110109B00703 | 金刚延寿寺白塔南侧 | 210 | |

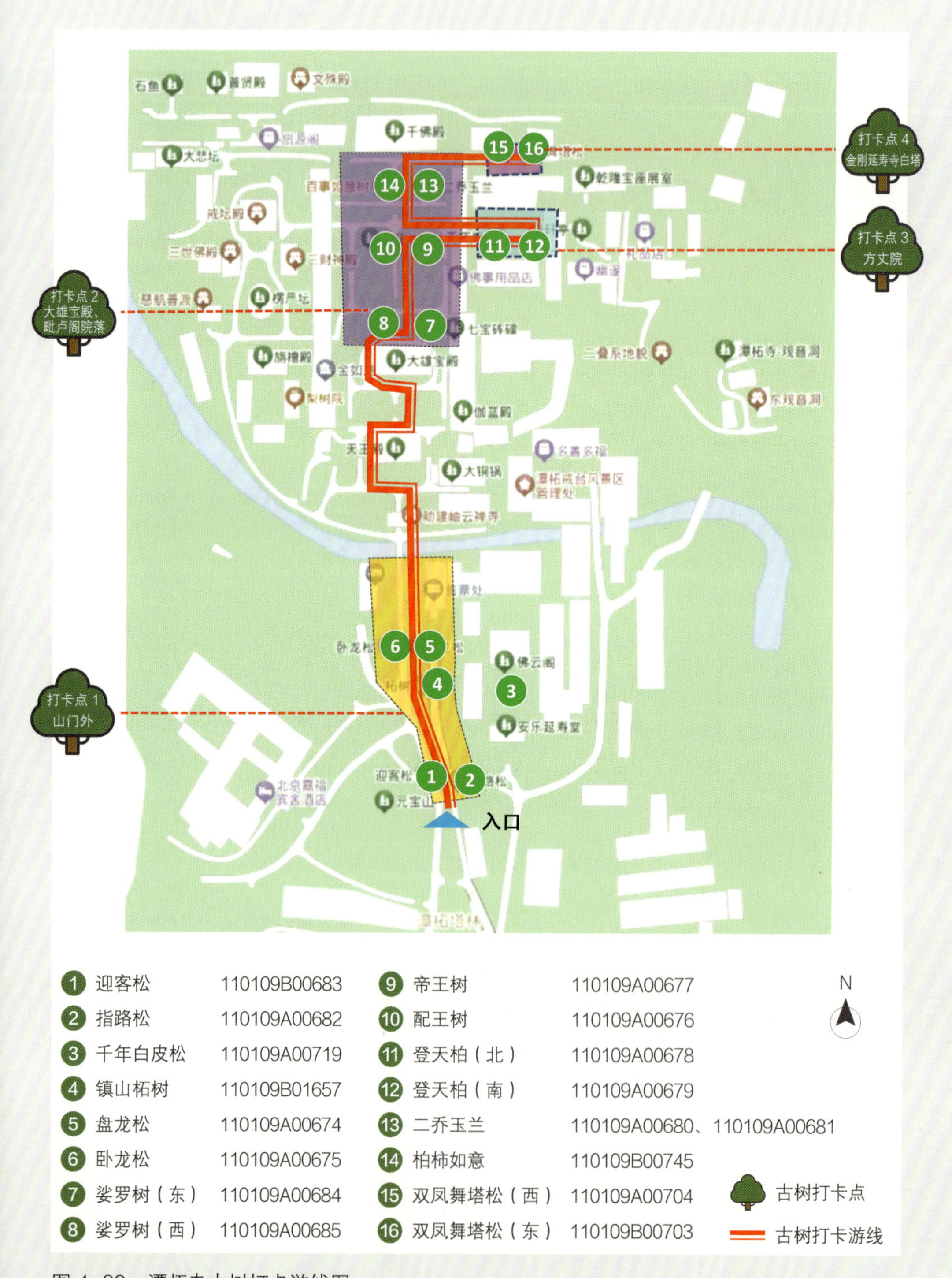


图 4-88　潭柘寺古树打卡游线图

## 打卡点1 山门外

### 打卡古树：迎客松、指路树、千年白皮松、镇山柘树

**迎客松（图 4-89）**

编号：110109B00683

树种：油松

树高：5 米

胸围：230 厘米

冠幅：东西 8 米，南北 7 米

树龄：约 110 年

位置：嘉福宾舍前东北侧，与指路松相对

最佳打卡时间：全年

**指路松（图 4-89）**

编号：110109B00682

树种：油松

树高：10 米

胸围：180 厘米

冠幅：东西 9 米，南北 10 米

树龄：约 110 年

位置：嘉福宾舍前东北侧，与迎客松相对

最佳打卡时间：全年

图 4-89 迎客松（左）、指路松（右）

## 千年白皮松(图 4-90)

编号:110109A00719

树种:白皮松

树高:15 米

胸围:471 厘米

冠幅:东西 12 米,南北 16 米

树龄:约 1010 年

位置:安乐堂前院东侧

最佳打卡时间:全年

图 4-90 千年白皮松

## 镇山柘树(图 4-91)

编号:110109B01657

树种:柘树

树高:10 米

胸围:120 厘米

冠幅:东西 10 米,南北 8 米

树龄:约 100 年

位置:山门前牌楼西侧

最佳打卡时间:4-10 月

图 4-91 镇山柘树

图 4-92　盘龙松

## 盘龙松(图 4-92)

编号:110109A00674

树种:油松

树高:9 米

胸径:226 厘米

冠幅:东西 11 米,南北 13 米

树龄:约 610 年

位置:南入口东侧

最佳打卡时间:全年

## 卧龙松(图 4-93)

编号:110109A00675

树种:油松

树高:8 米

胸径:201 米

冠幅:东西 10 米,南北 14 米

树龄:约 610 年

图 4-93　卧龙松

## 大雄宝殿、毗卢阁院落

打卡古树：娑罗树（两株）、帝王树、配王树、二乔玉兰、柏柿如意

### 娑罗树（西）（图 4-94）

编号：110109A00685

树种：七叶树

树高：16 米

胸围：398 厘米

冠幅：东西 17 米，南北 17 米

树龄：约 610 年

位置：毗卢阁台阶下西侧

最佳打卡时间：5 月中下旬

### 娑罗树（东）（图 4-95）

编号：110109A00684

树种：七叶树

树高：13.8 米

胸围：442.1 厘米

冠幅：东西 10.8 米，南北 10.6 米

树龄：约 610 年

位置：毗卢阁台阶下东侧

最佳打卡时间：5 月中下旬

图 4-94　娑罗树

图 4-95　娑罗树

图 4-96 帝王树

图 4-97 配王树

帝王树(图 4-96)

编号:110109A00677

树种:银杏(雄)

树高:24 米

胸围:930 厘米

冠幅:东西 17 米,南北 19 米

树龄:约 1310 年

位置:毗卢阁台阶下东侧

最佳打卡时间:10 月下旬至 11 月中旬

配王树(图 4-97)

编号:110109A00676

树种:银杏(雄)

树高:16 米

胸围:440 厘米

冠幅:东西 15 米,南北 15 米

树龄:约 1310 年

位置:毗卢阁台阶下西侧

最佳打卡时间:10 月下旬至 11 月中旬

图 4-98　二乔玉兰

图 4-99　柏柿如意

## 二乔玉兰（两株）（图 4-98）

编号：110109A00680、110109A00681

树种：二乔玉兰

树高：均为 7 米

胸围：分别为 70 厘米、100 厘米

冠幅：均为东西 7 米，南北 10 米

树龄：约 310 年

位置：毗卢阁台阶下东侧

最佳打卡时间：3 月下旬至 4 月上旬

## 柏柿如意（图 4-99）

编号：110109B00745

树种：侧柏、柿树

树高：15.3 米（侧柏）

胸围：183.5 厘米（侧柏）

冠幅：东西 3.8 米，南北 4.6 米（侧柏）

树龄：约 200 年（侧伯）

位置：毗卢阁前西侧

最佳打卡时间：9 月下旬至 11 月下旬

打卡点 3

## 方文院

打卡古树：登天柏（南）、登天柏（北）

登天柏（北）（图 4-100、图 4-101）

编号：110109A00678

树种：桧柏

树高：24 米

胸围：382 厘米

冠幅：东西 8 米，南北 6 米

树龄：约 1310 年

位置：方丈院内北侧

最佳打卡时间：全年

图 4-100 登天柏

图 4-101 登天柏

## 登天柏(南)(图 4-100、图 4-101)

编号:110109A00679

树种:桧柏

树高:21.2 米

胸围:283.5 厘米

冠幅:东西 7.8 米,南北 8.4 米

树龄:约 1310 年

位置:方丈院内南侧

最佳打卡时间:全年

图 4-102　双凤舞塔松（西）

图 4-103　双凤舞塔松（东）

## 金刚延寿寺白塔

### 打卡古树：双凤舞塔松（两株）

#### 双凤舞塔松（西）（图 4-102）

编号：110109A00704

树种：油松

树高：22 米

胸围：320 厘米

冠幅：东西 10 米，南北 10 米

树龄：约 310 年

位置：圆通殿南侧

最佳打卡时间：全年

#### 双凤舞塔松（东）（图 4-103）

编号：110109B00703

树种：油松

树高：16 米

胸围：204 厘米

冠幅：东西 6 米，南北 6 米

树龄：约 210 年

位置：金刚延寿寺白塔南侧

最佳打卡时间：全年

## 二、戒台寺

戒台寺位于门头沟区马鞍山上，始建于隋开皇年间，已有1400余年的历史。因寺内建有全国最大的佛教戒坛，民间又称为戒坛寺。戒台寺依山势而建，坐西朝东，由南北两路组成。戒台寺与潭柘寺共同组成潭柘戒台风景区。

明代朱宗吉在《戒坛寺看松》中写道："古树倚晴峰，犹沾云一重。针多藏鹳鹤，鳞老作虬龙。"清代诗人赵怀玉有诗云："潭柘以泉胜，戒台以松名……一树具一态，巧与造物争。"戒台寺内的众多著名古松，是寺院千年历史的见证者，也是戒台寺最重要的文化景观之一。

戒台寺共有古树109株，其中一级古树45株，二级古树64株，树种包括侧柏、桧柏、油松、银杏、国槐、白皮松、紫丁香、元宝枫等。戒台寺以奇松著称，在千佛阁台基前的名松大道上可欣赏著名的"戒台五松"（活动松、自在松、卧龙松、九龙松、抱塔松），它们毗邻生长，蜿蜒成趣，各具姿态。五株古松清代时即居"十大奇松"之列。此外戒台寺还有上千株丁香，其中超过200年的古丁香达20余株，为北京之最。山门外还有一株辽代古槐，也是必打卡的"许愿树"（表4-12）。

戒台寺古树打卡游线（图4-104）：

**山门殿院落→天王殿院落→大雄宝殿院落→名松大道→日光殿院落**

表 4-12 戒台寺古树打卡游线基本信息

| 序号 | 古树名称及编号 | 古树位置 | 树龄（年） | 简要信息 |
| --- | --- | --- | --- | --- |
| 1 | 辽槐<br>110109A00800 | 山门殿东侧 | 1100 | 法均大师手植槐 |
| 2 | 凤松<br>110109A00790 | 天王殿前南侧 | 610 | 形似凤凰，西南侧为凤尾，树顶似凤头，与龙松形成“龙凤交颈”的景观 |
| 3 | 龙松<br>110109A00789 | 天王殿前北侧 | 510 | 皮似龙鳞，形似蛟龙回首，主干略微向南，与凤松呼应 |
| 4 | 紫丁香<br>110109B00839 | 天王殿南侧 | 210 | |
| 5 | 凤尾松<br>110109A00787 | 大雄宝殿前北侧 | 510 | 西侧枝条下垂，如凤尾 |
| 6 | 活动松<br>110109A01586 | 千佛阁南侧拐角 | 510 | 树上细枝相互缠绕，触碰任何一枝，全树枝条都会摆动，实为“牵一发而动全身”，因而得名 |
| 7 | 自在松<br>110109A01587 | 千佛阁台下 | 610 | 因其形状无拘无束，舒展自由而得名 |
| 5 | 卧龙松<br>110109A01588 | 戒台殿院外门口 | 1010 | 主干横生，越过围栏，如巨龙横卧。石碑“卧龙松”为清恭亲王奕䜣题写 |
| | 狮虎象柏<br>110109A01594 | 牡丹院东侧 | 810 | 主干 1 米高处长有树瘤，远看像虎头，近看如象，右下部似狮 |
| 6 | 九龙松<br>110109A01589 | 明王殿南侧 | 1300 | 北京“最美十大树王”之“白皮松之王”，主干分九股，如九龙腾舞 |
| 7 | 抱塔松<br>110109A00785 | 戒台殿院外门口 | 1010 | 主干向右侧横卧，似扑抱祖师法均大师墓塔 |
| 8 | 莲花松<br>110109B00807 | 地藏院内日光殿东侧 | 210 | 树干笔直，树枝横生，匀称整齐，状如盛开的莲花 |
| 9 | 紫丁香<br>110109B00828 | 日光殿南卫生间东侧 | 210 | |

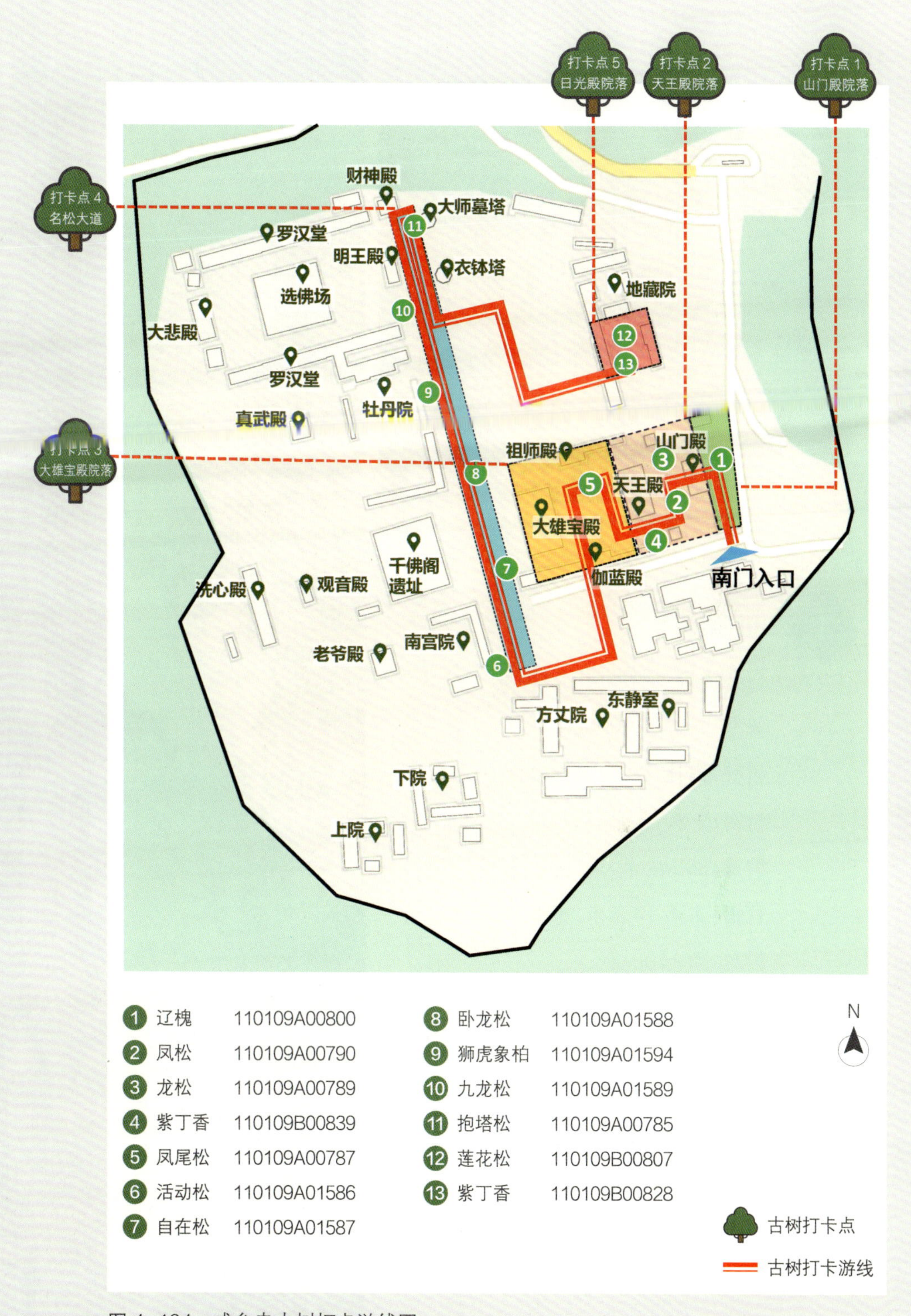


图 4-104 戒台寺古树打卡游线图

图 4-105　辽槐

## 山门殿院落

打卡古树:辽槐(图 4-105)

编号:110109A00800

树种:国槐

树高:9 米

胸围:555 厘米

冠幅:东西 14.3 米,南北 13.4 米

树龄:约 1100 年

位置:山门殿东侧

最佳打卡时间:4-10 月

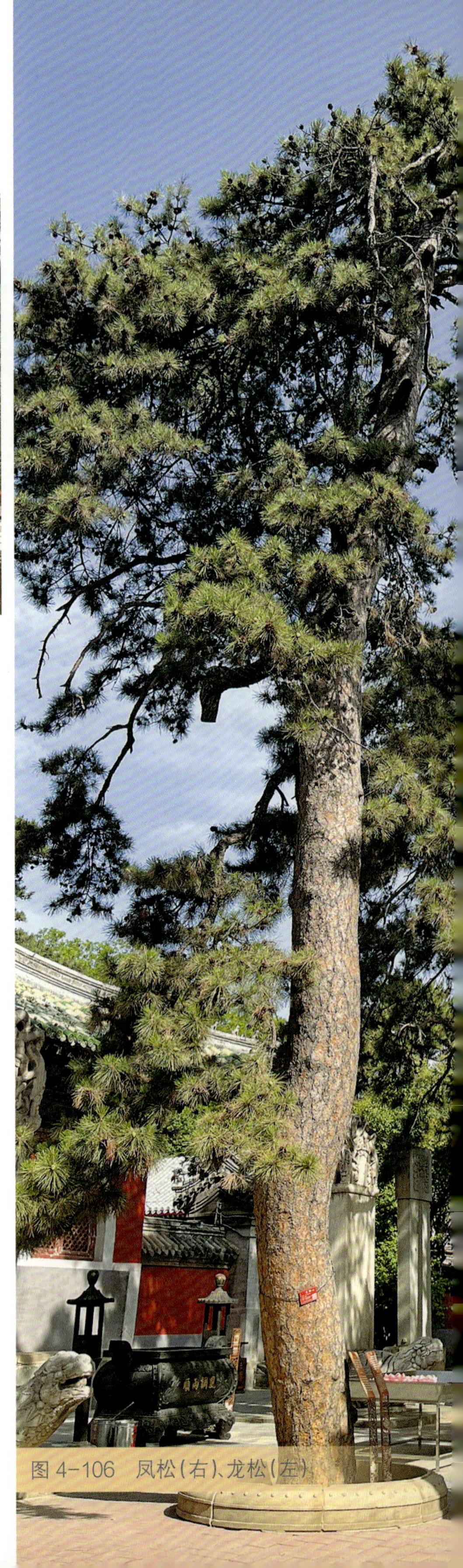
图 4-106　凤松(右)、龙松(左)

打卡点 2

## 天王殿院落

### 打卡古树：凤松、龙松、紫丁香

**凤松（图 4-106）**

编号：110109A00790

树种：油松

树高：13 米

胸围：203 厘米

冠幅：东西 10.1 米，南北 9.8 米

树龄：610 年

位置：天王殿东

最佳打卡时间：全年

**龙松（图 4-106）**

编号：110109A00789

树种：油松

树高：13 米

胸围：287 厘米

冠幅：东西 13.9 米，南北 17.7 米

树龄：510 年

位置：天王殿东侧

最佳打卡时间：全年

图 4-107　紫丁香

**紫丁香（图 4-107）**

编号：110109B00839

树种：紫丁香

树高：6 米

胸围：257 厘米

冠幅：7.69 米

树龄：210 年

位置：天王殿南侧

最佳打卡时间：4 月中下旬至 5 月上旬

打卡点 3

## 大雄宝殿院落

图 4-108 凤尾松

打卡古树：凤尾松（图 4-108）

编号：110109A00787

树种：油松

树高：9 米

胸围：260 厘米

冠幅：东西 11.7 米，南北 15.4 米

树龄：510 年

位置：大雄宝殿前北侧

最佳打卡时间：全年

## 名松大道

图 4-109 活动松

打卡古树：活动松、自在松、卧龙松、狮虎象柏、九龙松、抱塔松

活动松（图 4-109）

编号：110109A01586

树种：油松

树高：12 米

胸围：239 厘米

冠幅：东西 18 米，南北 18 米

树龄：约 510 年

位置：千佛阁南侧拐角

最佳打卡时间：全年

## 自在松（图 4-110）

编号：110109A01587

树种：油松

树高：10 米

胸围：251 厘米

冠幅：东西 9 米，南北 14 米

树龄：约 610 年

位置：千佛阁台下

最佳打卡时间：全年

## 卧龙松（图 4-111）

编号：110109A01588

树种：油松

树高：5 米

胸围：251 厘米

冠幅：东西 11 米，南北 12 米

树龄：约 1010 年

位置：戒台殿院外门口

最佳打卡时间：全年

图 4-110 自在松

图 4-111 卧龙松

图 4-112　狮虎象柏

图 4-113　九龙松

### 狮虎象柏(图 4-112)

编号:110109A01594

树种:桧柏

树高:9 米

胸围:260 厘米

冠幅:东西 5 米,南北 5 米

树龄:810 年

位置:牡丹院东侧

最佳打卡时间:全年

### 九龙松(图 4-113)

编号:110109A01589

树种:白皮松

树高:18.3 米

胸围:683.6 厘米

冠幅:东西 23.2 米,南北 26.4 米

树龄:约 1300 年

位置:明王殿南侧

最佳打卡时间:全年

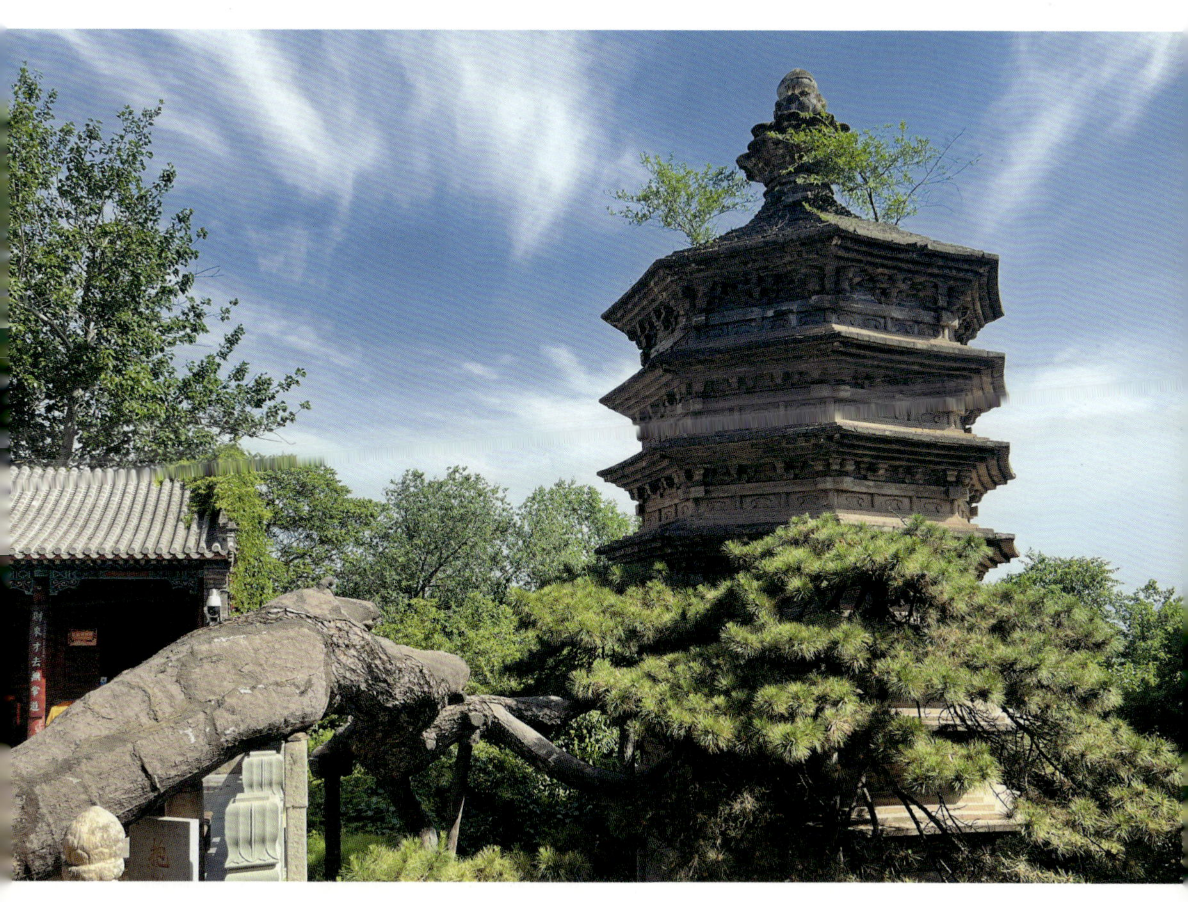

图 4-114 抱塔松

## 抱塔松(图 4-114)

编号:110109A00785

树种:油松

树高:2.5 米

胸围:303.6 厘米

冠幅:东西 3.6 米,南北 4.2 米

树龄:约 1010 年

位置:戒台殿院外门口

最佳打卡时间:全年

## 日光殿院落

### 打卡古树：莲花松、紫丁香

#### 莲花松（图 4-115）

编号：110109B00807

树种：油松

树高：15 米

胸围：170 厘米

冠幅：东西 14.4 米，南北 12.1 米

树龄：210 年

位置：地藏院内日光殿东侧

最佳打卡时间：全年

图 4-115　莲花松

#### 紫丁香（图 4-116）

编号：110109B00828

树种：紫丁香

树高：7 米

胸围：280 厘米

冠幅：东西 6 米，南北 14 米

树龄：210 年

位置：日光殿南卫生间东侧

最佳打卡时间：4 月中下旬至 5 月上旬

图 4-116　紫丁香

## 三、大觉寺

大觉寺位于海淀区苏家坨镇，背倚林木葱郁的阳台山，是北京西山著名的千年古刹。大觉寺始建于辽代，时称“清水院”，以清泉而得名，曾是金章宗时期西山八大水院之一。元、明代均进行过改建、重建，明宣德年间重建后改称大觉寺。清代经过雍正、乾隆等几位皇室的驻跸，大觉寺逐渐形成了景观优美、功能完备的寺庙园林景观。大觉寺风景有八绝，其中与古树相关的景观就有五处，分别为：古寺兰香、千年银杏、老藤寄柏、鼠李寄柏、松柏抱塔。这些历尽沧桑、姿态卓绝的参天古树为寺院增加了超然脱俗的禅意。

大觉寺共有古树 110 株，其中一级古树 47 株，二级古树 63 株，树种包括侧柏、桧柏、银杏、国槐、油松、七叶树、楸树、玉兰等。其中银杏、玉兰是大觉寺最具特色和代表性的古树树种。

大觉寺最闪耀的古树明星是位于四宜堂内的古玉兰，树龄已超过 300 年，是北京现存最古老的玉兰，“古寺兰香”即因这株玉兰得名。大觉寺的古树明星还有千年银杏、九子抱母等（表 4-13）。

大觉寺古树打卡游线（图 4-117）：

**大觉寺东门入口→四宜堂→无量寿佛殿→北跨院**

表 4-13 大觉寺古树打卡游线基本信息

| 序号 | 古树名称及编号 | 古树位置 | 树龄（年） | 简要信息 |
| --- | --- | --- | --- | --- |
| 1 | 四宜堂玉兰<br>110108A03730 | 四宜堂院北侧 | 300 | 传为当时大觉寺主持迦陵禅师手植，是北京树龄最长的古玉兰 |
| 2 | 千年银杏<br>110108A03729 | 无量寿佛殿东侧 | 910 | 千年银杏，独木成林，乾隆皇帝曾为其赋诗 |
| 3 | 九子抱母<br>110108A03728 | 北跨院 | 500 | 由一根主干与九枝树龄不等、粗细各异的萌蘖枝组成 |

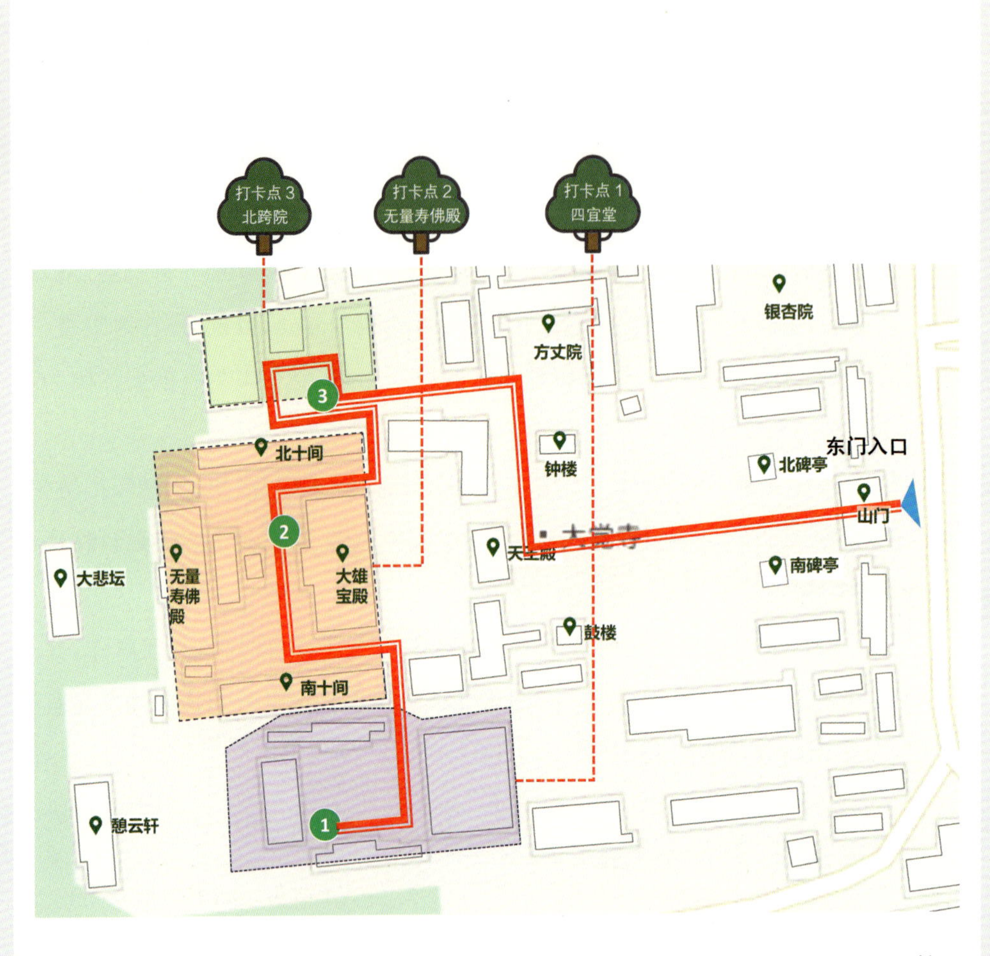


1 四宜堂玉兰 110108A03730
2 千年银杏 110108A03729
3 九子抱母 110108A03728

N

古树打卡点
古树打卡游线

图 4-117 大觉寺古树打卡游线

## 四宜堂

### 打卡古树：四宜堂玉兰（图 4-118）

编号：110108A03730

树种：玉兰

树高：2 米

胸围：138 厘米

冠幅：东西 5 米，南北 3 米

树龄：约 300 年

位置：四宜堂院北侧

最佳打卡时间：4 月上旬

图 4-118 四宜堂玉兰

打卡点 2

## 无量寿佛殿

### 打卡古树：千年银杏（图 4-119）

编号：110108A03729

树种：银杏

树高：16 米

胸围：850 厘米

冠幅：东西 19 米，南北 23 米

树龄：约 910 年

位置：无量寿佛殿东侧

最佳打卡时间：10 月中旬至 11 月上旬

图 4-119 千年银杏

## 北跨院

### 打卡古树：九子抱母（图 4-120）

编号：110108A03728

冠幅：东西 8.5 米，南北 15.2 米

树种：银杏

树龄：约 500 年

树高：18 米

位置：北跨院

胸围：255 厘米

最佳打卡时间：10 月中旬至 11 月上旬

图 4-120　九子抱母

## 四、法海寺

法海寺位于石景山区模式口翠微山南麓法海寺森林公园内，始建于明代。法海寺坐北朝南，殿宇依山势而建，层叠而上。寺内轴线明确，院落规整，形成四进院的格局。法海寺有“五绝”，即四柏一孔桥、白皮松、古铜钟、藻井曼陀罗和明代壁画。其中以保存完整的十铺明代壁画最为著名，堪称我国明代壁画之最。五绝中古树占其二，不仅有千年古白皮松，还有依托古树建桥的奇观——四柏一孔桥，为这座古老的寺庙增添了古朴而神秘的气息。

法海寺共有古树 13 株，其中一级古树 10 株，二级古树 3 株，树种包括侧柏、桧柏、国槐、白皮松。法海寺最负盛名的古树乃大雄宝殿前的两株古白皮松——白龙松。当地一直流传“先有白皮松，后建法海寺”的说法，两株古树已有千年历史。此外，法海寺还有四大天王柏、四柏一孔桥等古树明星（表 4-14）。

法海寺古树打卡游线（图 4-121）：

**四柏一孔桥→山门殿南平台→大雄宝殿**

表 4-14 法海寺古树打卡游线基本信息

| 序号 | 古树名称及编号 | 古树位置 | 树龄（年） | 简要信息 |
|---|---|---|---|---|
| 1 | 侧柏<br>110107B01178 | 桥西北 | 110 | 单孔石拱桥的四角各长有一株古柏，均从石缝中长出，古柏、古桥形成独特景观 |
| 2 | 侧柏<br>110107B01004 | 桥东北 | 110 | |
| 3 | 侧柏<br>110107B01167 | 桥西南 | 110 | |
| 4 | 侧柏<br>110107B01169 | 桥东南 | 110 | |
| 5 | 侧柏<br>110107A00260 | 山门前西一 | 310 | 法海寺山门外有 4 株古柏，如四大天王一般守护着古老的寺庙，被称为四大天王柏 |
| 6 | 侧柏<br>110107A00255 | 山门前西二 | 310 | |
| 7 | 桧柏<br>110107A00253 | 山门前东一 | 310 | |
| 8 | 桧柏<br>110107A00254 | 山门前东二 | 310 | |
| 9 | 白龙松<br>110107A00259 | 大雄宝殿院落西侧 | 约 1000 | 自古以来，白皮松被人们看作"白龙"、"神龙"，两株古树好似白龙守护大殿 |
| 10 | 白龙松<br>110107A00258 | 大雄宝殿院落东侧 | 约 1000 | |

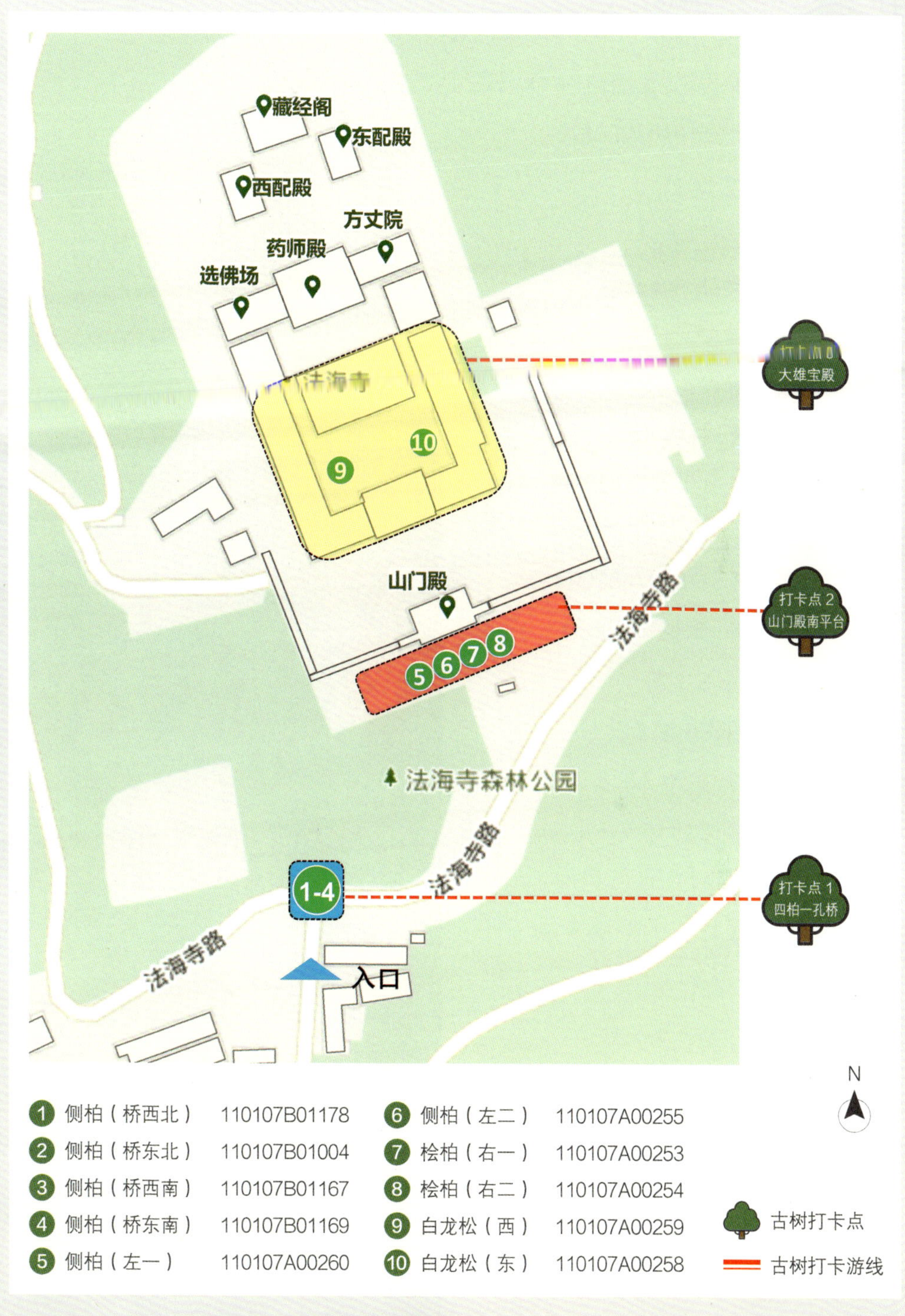


图 4-121 法海寺国家森林公园古树打卡游线

## 四柏一孔桥

### 打卡古树：古侧柏（4 株）（图 4-122）

编号：110107B01178

树种：侧柏

树高：10.7 米

胸围：124.6 厘米

冠幅：东西 7 米，南北 6.7 米

树龄：约 110 年

位置：桥西北

最佳打卡时间：全年

编号：110107B01004

树种：侧柏

树高：6.3 米

胸围：76 厘米

冠幅：东西 2.5 米，南北 3 米

树龄：约 110 年

位置：桥东北

最佳打卡时间：全年

编号:110107B01167

树种:侧柏

树高:10.5 米

胸围:101.5 厘米

冠幅:东西 4 米,南北 5.5 米

树龄:约 110 年

位置:桥西南

最佳打卡时间:全年

编号:110107B01169

树种:侧柏

树高:11 米

胸围:101.5 米

冠幅:东西 4 米,南北 5.5 米

树龄:约 110 年

位置:桥东南

最佳打卡时间:全年

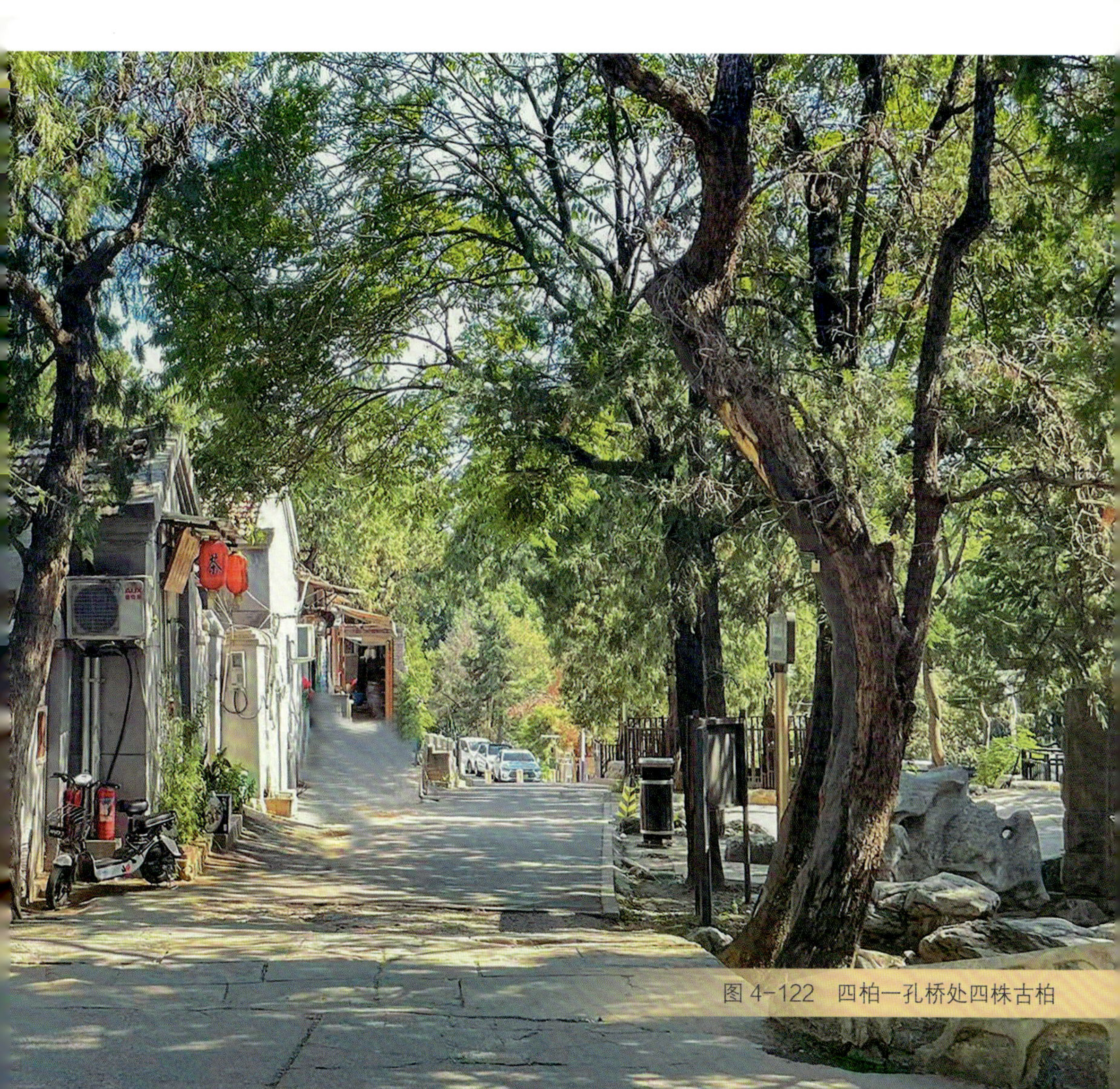


图 4-122 四柏一孔桥处四株古柏

## 山门殿南平台

### 打卡古树：四大天王柏（4株）（图 4-123）

编号：110107A00260
树种：侧柏
树高：12.5 米
胸围：202 厘米
冠幅：东西 7.7 米，南北 13 米
树龄：约 310 年
位置：山门前西一
最佳打卡时间：全年

编号：110107A00253
树种：桧柏
树高：15.2 米
胸围：355 厘米
冠幅：东西 10.3 米，南北 10.3 米
树龄：约 310 年
位置：山门前东一
最佳打卡时间：全年

编号：110107A00255
树种：侧柏
树高：9.6 米
胸围：239 厘米
冠幅：东西 6.5 米，南北 6.7 米
树龄：约 310 年
位置：山门前西二
最佳打卡时间：全年

编号：110107A00254
树种：桧柏
树高：8 米
胸围：283 厘米
冠幅：东西 8.5 米，南北 5 米
树龄：约 310 年
位置：山门前东二
最佳打卡时间：全年

图 4-123　四大天王柏（翟硕　摄）

## 大雄宝殿

### 打卡古树：白龙松（2株）

#### 白龙松（图 4-124）

编号：110107A00259

树种：白皮松

树高：19.2 米

胸围：560 厘米

冠幅：东西 15.5 米，南北 24.4 米

树龄：约 1000 年

位置：大雄宝殿院落西侧

最佳打卡时间：全年

#### 白龙松（图 4-125）

编号：110107A00258

树种：白皮松

树高：18.7 米

胸围：425 厘米

冠幅：东西 13.8 米，南北 17.8 米

树龄：约 1000 年

位置：大雄宝殿院落东侧

最佳打卡时间：全年

图 4-124　白龙松（翟硕 摄）

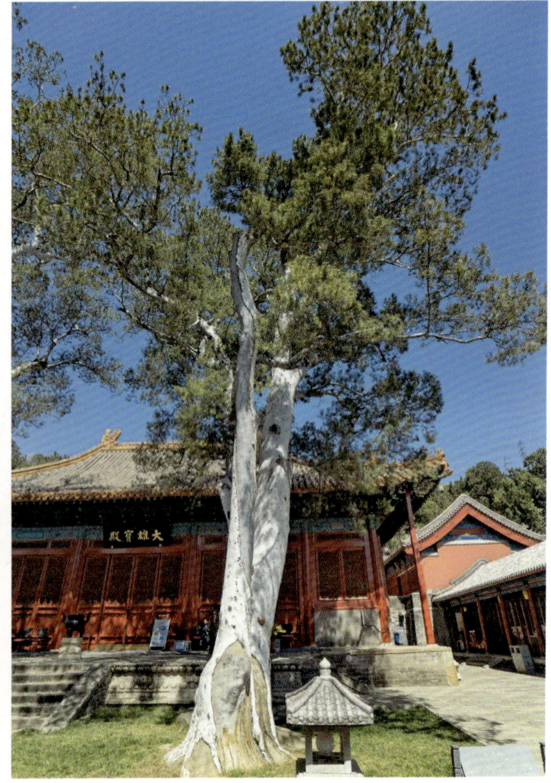

图 4-125　白龙松（翟硕 摄）

## 五、红螺寺

红螺寺位于怀柔区城北，始建于东晋，已有1600余年的历史，是我国北方佛教发祥地，千余年来在佛教界享有崇高地位。红螺寺北倚红螺山，南临红螺湖，建筑坐北朝南，气势雄伟，周边林壑荫蔽、古树参天。“红螺寺三绝景”包括御竹林、雌雄银杏、紫藤寄松。百万杆翠竹与千亩古松林环绕寺院，形成优美的佛家苑林景观。

红螺寺共有古树3003株，其中一级古树12株，二级古树2991株，主要树种包括侧柏、桧柏、银杏、国槐、栓皮栎、油松、臭椿等。最著名的古树明星为雌雄银杏、紫藤寄松和听法松（表4-15）。

红螺寺古树打卡游线（图4-126）:

**红螺寺南门→大雄宝殿→三圣殿**

表4-15 红螺寺古树打卡游线基本信息

| 序号 | 古树名称及编号 | 古树位置 | 树龄（年） | 简要信息 |
| --- | --- | --- | --- | --- |
| 1 | 雌雄银杏（两株）<br>110116A01051 | 大雄宝殿南侧 | 1100 | 红螺寺三绝景之一。西为雄树，东为雌树，伉俪情深 |
| 2 | 紫藤寄松<br>110116B01250 | 三圣殿南侧 | 200 | 红螺寺三绝景之一，乃一松两藤相绕而生 |
| 3 | 听法松<br>110116A01193 | 三圣殿南侧 | 700 | 形似虔诚的信徒在听佛法 |

图 4-126　红螺寺古树打卡游线

## 大雄宝殿

### 打卡古树：雌雄银杏（图 4-127）

编号：110116A01051

树种：银杏

树高：16 米

胸围：803 厘米

冠幅：东西 15 米，南北 16 米

树龄：约 1100 年

位置：大雄宝殿南侧

最佳打卡时间：10 月底至 11 月初

图 4-127 雌雄银杏（左雌右雄）（杨树田 摄）

图 4-128　紫藤寄松(赵衿艺 摄)

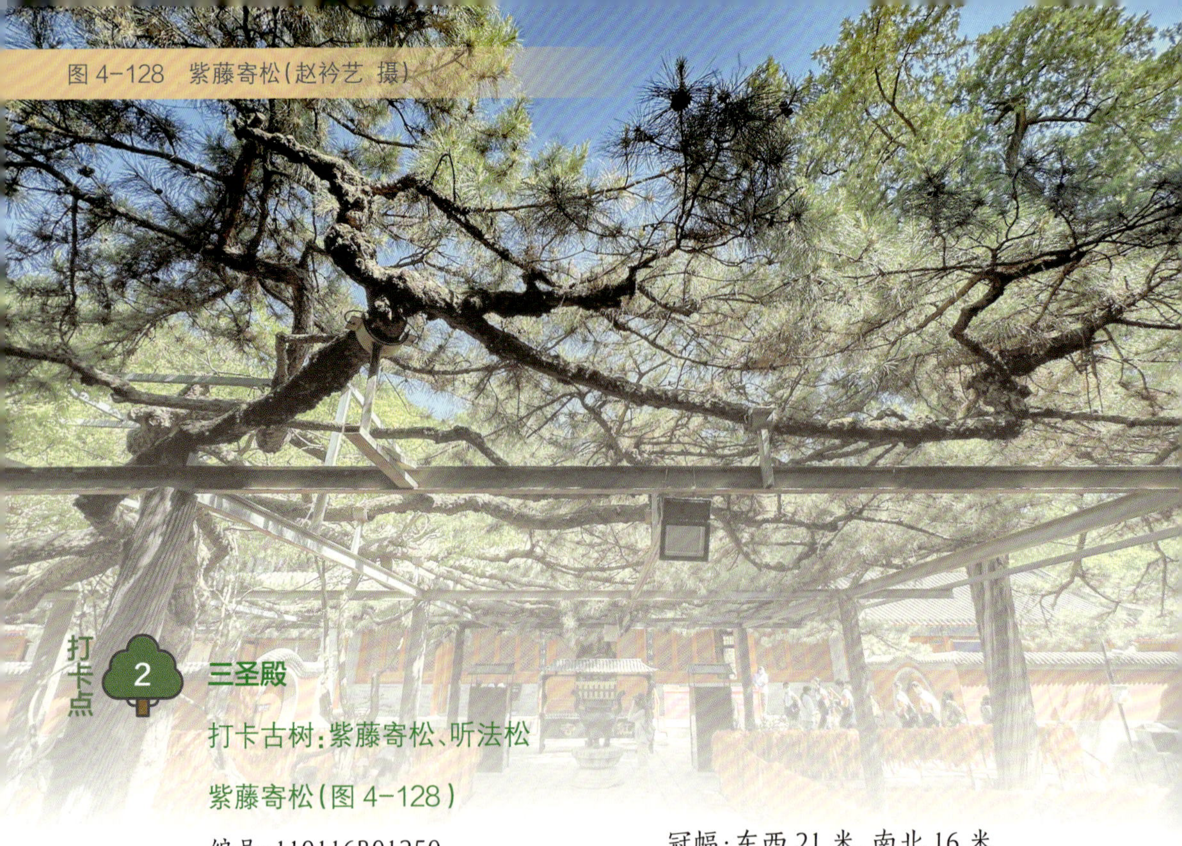

打卡点 2 三圣殿

打卡古树:紫藤寄松、听法松

紫藤寄松(图 4-128)

编号:110116B01250

树种:油松

树高:6 米

胸围:167 厘米

冠幅:东西 21 米,南北 16 米

树龄:约 200 年

位置:三圣殿南侧

最佳打卡时间:5 月上中旬

图 4-129　听法松(赵衿艺 摄)

听法松(图 4-129)

编号:110116A01193

树种:油松

树高:7 米

胸围:210 厘米

冠幅:东西 17 米,南北 14 米

树龄:约 700 年

位置:三圣殿南侧

最佳打卡时间:全年

# 第五节
# 古树公园

## 一、柏神公园

九搂十八杈是一株有着 3500 年树龄的古侧柏，位于密云区新城子镇，是北京古树中的最年长者，被评为北京“最美十大树王”之“侧柏之王”。与之相邻还有另一株古柏，树龄也超过 1000 年。为对古树及其生境进行综合保护，并为人民群众提供科普教育及休闲场所，让古树走进市民生活，2023 年，以“护树、移路、建园”为思路，建设了柏神公园，将原有松曹路向东移 19.4 米，扩大了古树的营养面积，改善古树生境的同时也为市民创造了一处假日打卡古树的好去处。

## 二、古青檀公园

古青檀公园位于龙凤山脚下的南口镇檀峪村西北口山谷（图 4-130），这里生长着三株古青檀树，其中最古老的一株树龄约 3000 年，是北京市唯一一株千年以上的青檀，也是北京除九搂十八杈外最古老的寿星古树，另两株青檀也超过百岁。公园总面积约 3140 平方米。公园以保护古青檀树为核心，扩大古树保护范围，通过一条主园路串联“青檀密语”、“古峪系檀”、“望龙祈福”、“梦回檀影”四个景观节点。

图 4-130 古青檀公园

# 第六节 古树街巷

## 一、东四三条古树文化主题胡同

东四三条胡同位于北京市东城区，历经元、明、清三代，是北京城历史最悠久的胡同之一，已有750余年历史。东四三条胡同呈东西走向，东起朝阳门北小街，西至东四北大街，全长722米，宽8米。胡同文化内涵丰富，曾是许多名人的居住地，如孟小冬、任弼时等。至今胡同里仍有车郡王府、文化部大院等历史建筑遗存。

胡同两侧共有国槐古树20株，间距较均匀地分布在街道两侧。古槐至今仍枝繁叶茂，浓荫广覆，为古老的胡同带来荫凉的同时增添了沧桑的古都文化韵味（图4-131、图4-132）。

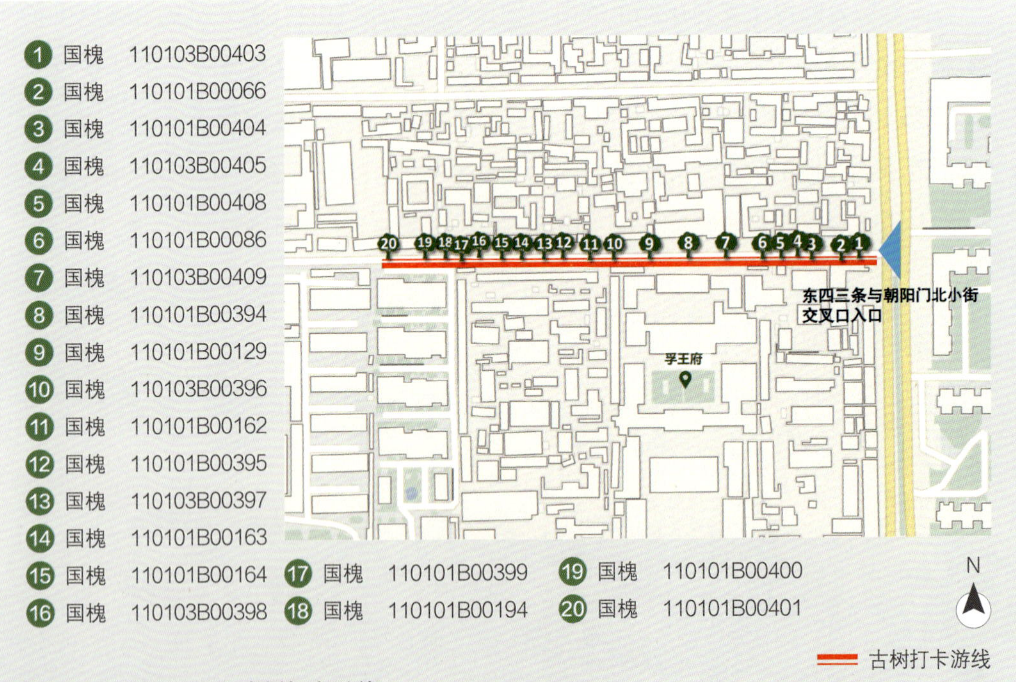


图4-131 东四三条古树打卡游线

图 4-132 东四三条

## 二、鼓楼西大街古树街巷

鼓楼西大街位于北京市什刹海北岸,原名斜街,是北京老城内唯一一条人为规划的斜街,至今已有近 800 年历史。几百年来,它的走向、宽度基本没有改变,是元大都时期街道的重要历史遗存。

街道周边文物古迹众多,有醇亲王府、广化寺、关岳庙、寿明寺、瑞应寺等。街道两侧保留大量古国槐,绿树成荫,景观环境古朴优美。街道周边建筑以传统四合院为主,集中体现北京老城街道风貌。

除街巷中的古槐外,位于游线尽端的宋庆龄故居也是古树打卡的好去处。故居中的两株西府海棠古树被评为北京“最美十大树王”之“海棠树王”,故居中还有一株树龄 500 余年的凤凰古槐,也是著名的古树明星(图 4-133、图 4-134)。

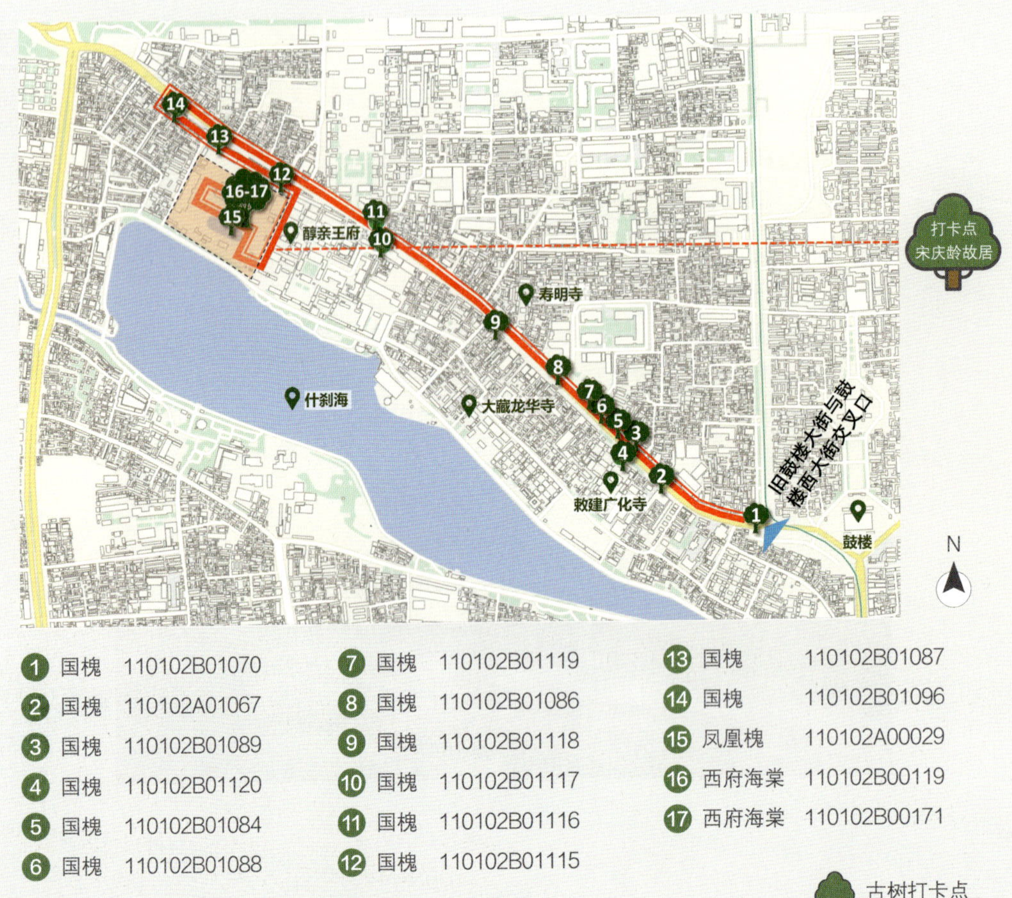


| | | |
|---|---|---|
| 1 国槐 110102B01070 | 7 国槐 110102B01119 | 13 国槐 110102B01087 |
| 2 国槐 110102A01067 | 8 国槐 110102B01086 | 14 国槐 110102B01096 |
| 3 国槐 110102B01089 | 9 国槐 110102B01118 | 15 凤凰槐 110102A00029 |
| 4 国槐 110102B01120 | 10 国槐 110102B01117 | 16 西府海棠 110102B00119 |
| 5 国槐 110102B01084 | 11 国槐 110102B01116 | 17 西府海棠 110102B00171 |
| 6 国槐 110102B01088 | 12 国槐 110102B01115 | |

古树打卡点
古树打卡游线

图 4-133 鼓楼西大街古树打卡游线

图 4-134 鼓楼西大街

## 宋庆龄故居

打卡古树：西府海棠（两株）、凤凰槐

西府海棠（图 4-135）

编号：110102B00119

树种：西府海棠

树高：6 米

胸围：217 厘米

冠幅：东西 9 米，南北 8 米

树龄：约 200 年

位置：宋庆龄故居畅襟斋

最佳打卡时间：清明节前后，持续一周左右

图 4-135 西府海棠

图 4-136　西府海棠

西府海棠（图 4-136）

编号：110102B00171

树种：西府海棠

树高：8 米

胸围：223 厘米

冠幅：东西 6 米，南北 6 米

树龄：约 200 年

位置：宋庆龄故居畅襟斋

最佳打卡时间：清明节前后，持续一周左右

### 凤凰槐（图 4-137）

编号：110102A00029
冠幅：东西 25.2 米，南北 16.5 米
树种：国槐
树龄：约 500 年
树高：16 米
位置：宋庆龄故居
胸围：373 厘米
最佳打卡时间：4—10 月

图 4-137 凤凰槐

## 第七节 古树小区

### 一、上方山古树小区

北京上方山国家森林公园位于北京市房山区韩村河镇，是一座集自然、佛教和

溶洞为一体的综合性国家级森林公园。上方山植被以原始次生林为主，森林覆盖率95% 以上。上方山是宗教名山，历经千余年的变迁。

上方山古树资源丰富，共有古树 1154 株，主要树种包括侧柏、桧柏、油松、银杏、国槐、白皮松等，还有蜡梅、青檀、麻栎、五角枫、黄连木、拐枣等珍稀古树树种，具有较高的多样性。上方山古树还以树龄长著称，其中树龄达千年以上的古树有多株。

上方山古树保护小区有东山寺庙区古树群落、古青檀群落、天然原生古树群落三种类型。

上方山众多古树中，声名显赫的当属四大树王：柏树王、松树王、槐树王和银杏王。此外，兜率寺树龄 1050 年的拧丝柏也是必打卡的古树。而古青檀群落更是上方山特有，值得打卡留念（表 4-16、图 4-138）。

表 4-16 上方山国家森林公园古树打卡游线基本信息

| 序号 | 古树名称及编号 | 古树位置 | 树龄（年） | 简要信息 |
| --- | --- | --- | --- | --- |
| 1 | 古青檀群落（12 株）<br>110111B01257 等 | 东山云梯至上水池边 | 110 | 青檀为国家重点保护植物 |
| 2 | 拧丝柏<br>110111A00684 | 兜率寺 | 1050 | |
| 3 | 松树王<br>110111A01248 | 松棚庵旁 | 1050 | 上方山四大树王 |
| 4 | 银杏王<br>110111A00749 | 观音殿前西侧 | 1200 | |
| 5 | 柏树王<br>110111A01055 | 吕祖阁 | 1600 | |
| 6 | 槐树王<br>110111A00832 | 兴隆庵旁 | 1500 | |

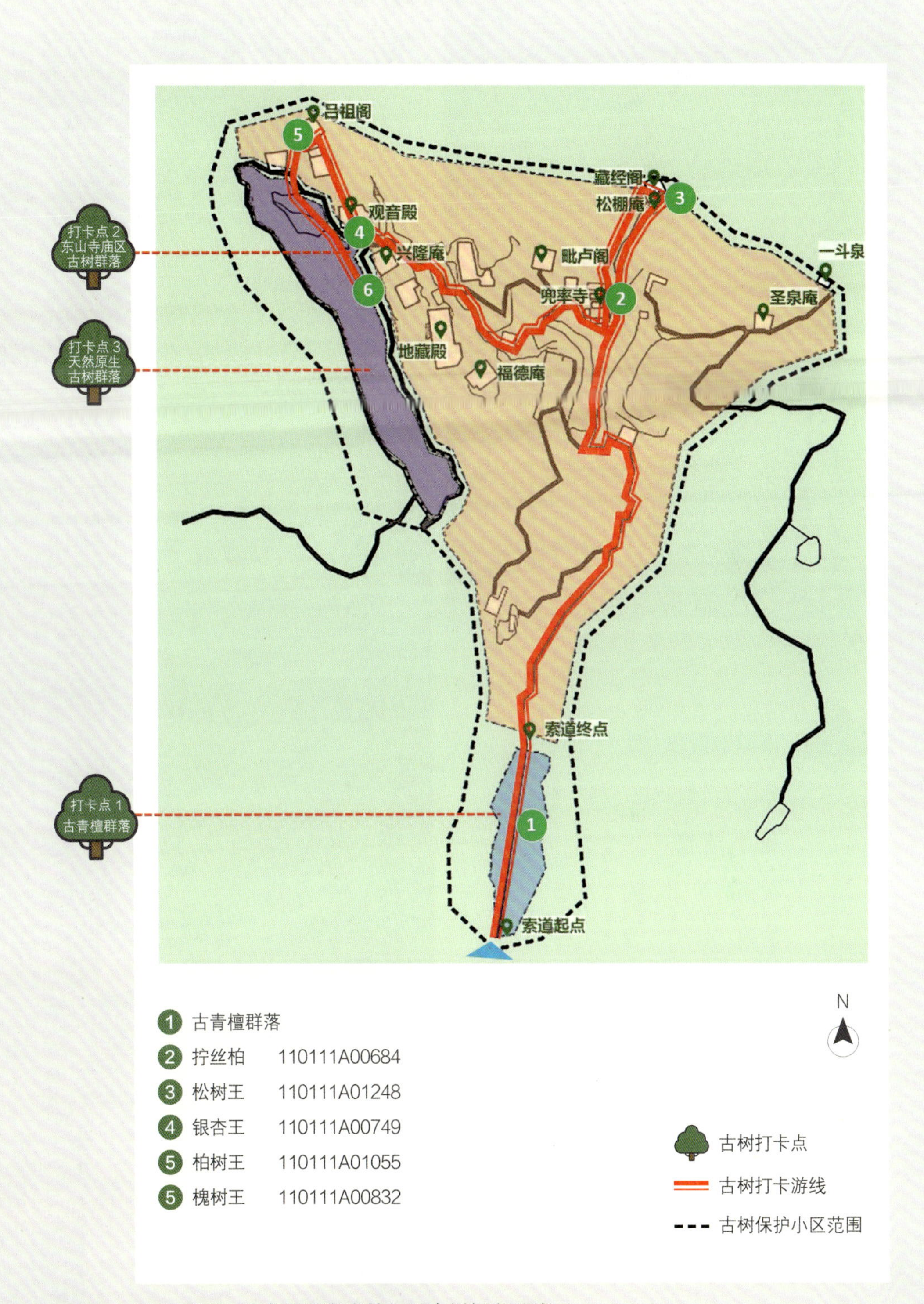


图 4-138 上方山国家森林公园古树打卡游线

图 4-139 古青檀群落（王嘉遥 摄）

## 古青檀群落（图 4-139）

编号：110111B01257 等

树种：青檀

树高：10~20 米

胸围：60~185 厘米

冠幅：平均 6~15 米

树龄：约 110 年

位置：东山云梯至上水池边

最佳打卡时间：10 月下旬至 11 月上旬

图 4-140 拧丝柏（杨树田 摄）

## 东山寺庙区古树群落

打卡古树：拧丝柏、松树王、银杏王、柏树王

### 拧丝柏（图 4-140）

编号：110111A00684

树种：侧柏

树高：17 米

胸围：390 厘米

冠幅：东西 9.15 米，南北 9 米

树龄：约 1050 年

位置：兜率寺内

最佳打卡时间：全年

### 松树王（图 4-141）

编号：110111A01248

树种：油松

树高：21 米

胸围：310 厘米

冠幅：东西 11 米，南北 12 米

树龄：1050 年

位置：松棚庵旁

最佳打卡时间：全年

图 4-141　松树王

图 4-142　银杏王

银杏王(图 4-142)

编号:110111A00749

冠幅:东西 15 米,南北 16 米

树种:银杏

树龄:约 1200 年

树高:28 米

位置:观音殿前西侧

胸围:420 厘米

最佳打卡时间:10 月中旬至 11 月中旬

柏树王（图 4-143）

编号：110111A01055

树种：侧柏

树高：23 米

胸围：510 厘米

冠幅：东西 25 米，南北 18.5 米

树龄：约 1600 年

位置：吕祖阁

最佳打卡时间：全年

## 打卡点 3 天然原生古树群落

打卡古树：槐树王（图 4-144）

编号：110111A00832

树种：国槐

树高：14 米

胸围：379 厘米

冠幅：东西 19.8 米，南北 20.3 米

树龄：约 1500 年

位置：兴隆庵旁

最佳打卡时间：4—10 月

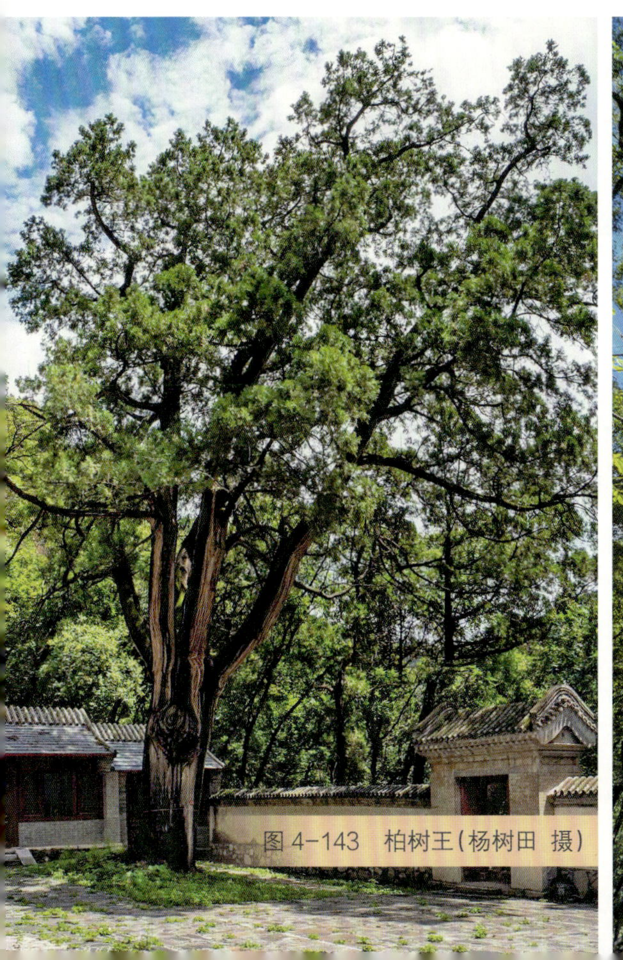

图 4-143 柏树王（杨树田 摄）

图 4-144 槐树王（杨树田 摄）

## 第八节
# 古树乡村

### 一、密云新城子镇

密云新城子镇位于燕山山脉主峰雾灵山脚下。新城子镇建镇历史悠久，古村落、古树、古堡、古长城遍布全镇。

新城子镇共有古树 16 株，其中一级古树 6 株、二级古树 10 株，主要树种包括侧柏、流苏、油松、酸枣和国槐。

九搂十八杈无疑是新城子镇的瑰宝，树龄约 3500 年，是北京地区最古老的古树，被评为北京“最美十大树王”之“侧柏之王”，2023 年成功入选全国“双百”古树，已成为北京最具标志性的古树名片之一。此外，北京最古老的流苏——苏家峪村树龄超过 600 年的古流苏也是古树观赏者必来打卡的古树明星（表 4-17）。

表 4-17　新城子镇古树打卡游线基本信息

| 序号 | 名称编号 | 位置 | 树龄（年） | 简要信息 |
|---|---|---|---|---|
| 1 | 九搂十八杈<br>110128A00155 | 新城子镇柏神公园 | 3500 | 北京地区最古老的古树，入选北京“最美十大树王”、全国“双百”古树 |
| 2 | 古侧柏<br>110128A00154 | 新城子镇柏神公园 | 1014 | |
| 3 | 古流苏<br>110128A00163 | 新城子镇苏家峪村 | 580 | 北京最古老的流苏古树 |

## 柏神公园

### 打卡古树：九搂十八杈、古侧柏

### 九搂十八杈（图 4-145）

编号：110128A00155

树种：侧柏

树高：11.5 米

胸围：820 厘米

冠幅：东西 17.4 米，南北 25.3 米

树龄：约 3500 年

位置：新城子镇柏神公园

最佳打卡时间：全年

图 4-145 九搂十八杈

### 古侧柏（图 4-146）

编号：110128A00154

树种：侧柏

树高：10.5 米

胸围：265 厘米

冠幅：东西 11.5 米，南北 16.5 米

树龄：约 1014 年

位置：新城子镇柏神公园

最佳打卡时间：全年

图 4-146 古侧柏

## 苏家峪村

### 打卡古树：古流苏（图 4-147）

编号：110128A00163

树种：流苏

树高：13 米

胸围：270 厘米

冠幅：东西 13.2 米，南北 14.4 米

树龄：约 580 年

位置：北京市密云区新城子镇苏家峪村

最佳打卡时间：4 月中旬至 5 月中旬

图 4-147　古流苏（马俊云 摄）

## 二、延庆大庄科乡

大庄科乡位于延庆城区东南部深山区，地势北高南低，地形多为山地丘陵。大庄科乡山清水秀，森林茂盛，物种繁多，植被覆盖率85%，是气候宜人的“天然氧吧”。

大庄科乡共有古树十余株，其中一级古树9株，主要树种包括油松、国槐、五角枫、榆树、毛梾等。

大庄科乡的古树明星首推位于景而沟村的古五角枫，这株古树是北京为数不多的五角枫古树之一。它生长于山石之间，树形优美，风姿绰约。尤其在秋季，树叶由绿转为金黄又转为火红，为古朴的村庄增添如梦如幻的绚烂色彩。劈破石村的古毛梾树是大庄科乡又一位古树明星，它是北京市唯一一株毛梾古树（表4-18）。

表4-18 大庄科乡古树打卡游线基本信息

| 序号 | 古树名称及编号 | 古树位置 | 树龄（年） | 简要信息 |
| --- | --- | --- | --- | --- |
| 1 | 古五角枫<br>110129B00085 | 景而沟村西北上水泉 | 260 | 北京为数不多的五角枫古树之一 |
| 2 | 古油松<br>110129A00086 | 景而沟村西北上水泉 | 600 | |
| 3 | 古毛梾<br>110129A00087 | 劈破石村北口霹破石上 | 310 | 北京市唯一一株毛梾古树 |

## 景而沟村

### 打卡古树：古五角枫、古油松

### 古五角枫（图 4-148）

编号：110129B00085
冠幅：东西 10 米，南北 14 米
树种：五角枫
树龄：约 260 年
树高：15 米
位置：景而沟村西北上水泉
胸围：208 厘米
最佳打卡时间：10 月中旬至 11 月中旬

图 4-148 古五角枫(黎梦宇 摄)

### 古油松(图 4-149)

编号:110129A00086

树种:油松

树高:13 米

胸围:268 厘米

冠幅:东西 15 米,南北 19 米

树龄:约 600 年

位置:景而沟村西北上水泉

最佳打卡时间:全年

图 4-149 古油松(黎梦宇 摄)

## 劈破石村

### 打卡古树：古毛梾（图 4-150）

编号：110129A00087

树种：毛梾

树高：9 米

胸围：221 厘米

冠幅：东西 10 米，南北 11 米

树龄：约 310 年

位置：劈破石村北口霹破石上

最佳打卡时间：6 月上旬

图 4-150　古毛梾（黎梦宇 摄）

# 第五章

# 古树名木保护故事

古树名木承载着中华文明的悠久历史和灿烂文化，是“绿色文物”。在极端气候影响、生存环境改变、人们的生活方式及认识等因素综合作用下，古树的生存会受到不同程度的影响。保护古树名木是我国优秀民族文化的体现，更是华夏古老文明的延续。古往今来，不乏古树保护的生动故事和优秀做法，值得我们继承学习和发扬光大。

## 第一节 政府引导，公众参与

古村名木保护需要政府引导，更需要公众参与和各方力量的支持。

### 一、政府引导

北京市委、市政府历来高度重视古树名木保护工作，先后作出“北京市古树名木极为重要”、“古树是不可多得的资源，要加强监测，很好保护”等重要指示，持续加强、完善古树资源普查与建档、古树健康体检与复壮、古树法规制定与更新、古树科研提升与人才培养等工作，并不断探索古树保护的创新模式，提升古树保护的公众参与度，依靠全社会的力量对古树进行保护。

#### （一）建档造册，挂牌更新

摸清古树名木“家底”是古树名木保护工作开展的重要基础。2017—2022年，北京市完成了第二次古树名木资源普查。本次普查查清了古树名木资源的基本情况；建立了古树名木资源信息管理系统；更新了带有二维码的古树树牌。普查做到一树一“档案”，古树名木数量、树种、分布、健康及管护状况全面掌握。完善的普查、建档、挂牌工作为古树名木的精细化保护、管理以及动态监测奠定坚实的基础。

### （二）全面体检，重点保护

及时有效的古树名木巡查与体检工作是古树养护、修复和复壮的重要依据。北京市先后出台了古树名木巡查巡护制度、异常情况报告制度、隐患排查制度、监督检查制度等，对古树名木进行常态化巡护和定期健康“体检”，对古树发生的生境问题及病虫害做出及时响应，做到“早发现、早治疗”。通过巡查与体检实时更新与校核现有数据库基础信息，建立工作台账。对濒危、衰弱古树进行精细化体检，为古树的重点保护提供信息支撑。

### （三）完善制度，提升管理

古树名木普查、保护和立法工作始于20世纪80年代。国家先后出台了《加强城市和风景名胜区古树名木保护管理的意见》（1982年3月）、《关于加强古树名木保护和管理的通知》（1991年3月）、《城市古树名木保护管理办法》（2000年9月）、《关于开展古树名木普查建档工作的通知》（2001年9月）、《关于加强全国重点文物保护单位内古树名木保护的通知》（2023年11月）。北京市也出台了多个地方性古树名木保护条例、技术规程等，如《北京市古树名木保护管理条例》（1998年8月）。表5-1为北京市古树名木保护相关条例、管理办法；表5-2为古树名木保护相关技术标准，包括国家标准、行业标准和地方标准。

表5-1 北京市古树名木保护相关条例、管理办法

| 类型 | 名称 | 颁布单位 | 颁布时间 |
| --- | --- | --- | --- |
| 条例 | 《北京市古树名木保护管理条例》 | 北京市第十一届人民代表大会常务委员会第三次会议 | 1998年 |
| | 《北京历史文化名城保护条例》 | 北京市第十二届人民代表大会常务委员会 | 2021年 |
| 管理办法 | 《〈北京市古树名木保护管理条例〉实施办法》 | 北京市园林绿化局 | 2022年 |
| | 《首都古树名木认养管理暂行办法》 | 首都绿化委员会办公室 | 2013年 |

表 5-2　古树名木保护相关技术标准

| 类型 | 名称 | 分类 | 代码 | 颁布时间 |
| --- | --- | --- | --- | --- |
| 技术标准 | 《城市古树名木养护和复壮工程技术规范》 | 国家标准 | GB/T 51168-2016 | 2016 年 |
| | 《古树名木评价标准》 | 地方标准 | DB11/T 478-2022 | 2022 年 |
| | 《古树名木保护复壮技术规程》 | 地方标准 | DB11/T 632-2009 | 2009 年 |
| | 《古树名木日常养护管理规范》 | 地方标准 | DB11/T 767-2010 | 2010 年 |
| | 《古树名木健康快速诊断技术规程》 | 地方标准 | DB11/T 1113-2014 | 2014 年 |
| | 《古树名木雷电防护技术规范》 | 地方标准 | DB11/T 1430-2017 | 2017 年 |
| | 《古柏树养护与复壮技术规程》 | 地方标准 | DB11/T 3028-2022 | 2022 年 |
| | 《古树名木普查技术规范》 | 行业标准 | LY/T 2738-2016 | 2016 年 |
| | 《古树名木生态环境监测技术规程》 | 行业标准 | LY/T 2970-2018 | 2018 年 |

目前，北京市已初步形成较健全的古树名木保护法规、技术规程体系，主要包括古树认定、管理、法律责任等规定，古树健康诊断、养护、修复、复壮等技术规程，加大对古树破坏行为的处罚力度，并对古树精细化保护提供法律支持。

### （四）积极挖掘，展示示范

北京坚持保护与利用相结合，探索将古树文化普及与城市更新和美丽乡村建设相结合，创新古树保护新模式，打造一批古树主题公园、古树保护小区、古树街巷、古树村庄和古树社区等特色古树景点。科学利用古树，深入挖掘当地古树历史与文化，以改善古树生长环境为主要目标，适当增置休闲游憩设施，为游客或当地居民营造充满古树文化氛围和乡愁的古树及其生境整体保护示范区。表 5-3 为北京市已建成的多种类型的古树保护示范区（截至 2024 年 6 月）。

表 5-3 北京古树保护主题示范区

| 类型 | 名称 | 古树资源情况 | 位置 |
| --- | --- | --- | --- |
| 古树主题公园 | 柏神公园 | 古侧柏 2 株 | 密云区新城子镇柏神公园 |
|  | 古青檀公园 | 古青檀 3 株 | 昌平区南口镇檀峪村 |
|  | 太子峪古树公园 | 古白皮松、古油松、古桧柏等近百株 | 丰台区长辛店镇太子峪村 |
| 古树保护小区 | 上方山古树保护小区 | 古侧柏、古桧柏、古油松、古银杏等 1154 株 | 房山区上方山 |
| 古树街巷 | 东四三条古树街巷 | 古国槐 20 余株 | 东城区东四三条 |
|  | 鼓楼西大街古树街巷 | 古国槐 10 余株 | 西城区鼓楼西大街 |
| 古树村庄 | 康陵村古树村庄 | 古银杏 1 株，古国槐 2 株，古油松 25 株 | 昌平区十三陵康陵村 |
|  | 德陵村古树村庄 | 古国槐 1 株 | 昌平区十三陵德陵村 |
|  | 花塔村古树村庄 | 古银杏、古白皮松等 11 株 | 昌平区南口镇花塔村 |
| 古树社区 | 世纪新景古树社区 | 古桧柏、古油松共 37 株 | 海淀区八里庄街道世纪新景社区 |
|  | 一街新家园古树社区 | 古国槐 1 株 | 房山区拱辰街道一街新家园 |

## （五）科学引领，人才保障

科学技术是古树名木保护的保障与支撑。2022 年，国家林业和草原局正式批复成立“国家林业草原古树健康与古树文化工程技术研究中心”，依托北京农学院，联合国内多家科研院所、高校、企事业单位，通过协同创新，坚持政、产、学、研、用一体，面向古树健康与古树文化高质量发展重大战略需求，开展关键共性技术研发、成果转移转化及应用示范等相关工作，通过科技创新推动古树保护领域的持续发展。

2021 年，北京农学院率先在全国开设了林学（古树保护）本科专业方向和“古树保护与修复”专业学位研究生专项班，开创我国古树保护领域人才培养之先。持续不断的人才培养为古树保护的技术精细化、管理规范化提供保障。

## 二、公众参与

### （一）认养古树

认种认养是全民义务植树的八大类尽责形式之一。古树名木认养是指机关企事业单位、民间组织、国际友好组织及个人通过一定程序，自愿承担的古树名木养护管理行为。古树认养是群众参与古树保护活动的一种创新方式和途径。如在北京地坛公园组织的古树认养活动中，群众可挑选树木进行认养，每个认养期持续 1 年，古树认养费用为 2000 元 / 株，筹集到的资金将投入古树的精细化管理和养护（图 5-1）。

图 5-1　古树认养牌（绿色）

认养活动的开展，可促进群众对古树保护的关注度，切实提升古树保护的公众参与度，为增强全社会生态文明意识做出贡献。

### （二）自觉保护

古树的监管和保护需要全体人民群众的共同参与，只有依靠全社会的力量才能使古树保护工作持续发展。《北京市古树名木保护管理条例》中针对古树名木保护规定了七种禁止行为，市民应牢记并时刻遵守，切实履行公民保护古树的义务。

这七种禁止行为分别是：

（1）在树上刻划钉钉、缠绕绳索，攀树折枝、剥损树皮；

（2）借用树干做支撑物；

（3）擅自采摘果实；

（4）在园林绿化部门按相关技术标准划定的范围内（图 5-2）挖坑取土、动用明火、排放烟气、倾倒污水污物、堆放危害树木生长的物料、修建建筑物或者构筑物；

（5）擅自移植；

（6）砍伐；

（7）其他损害行为。

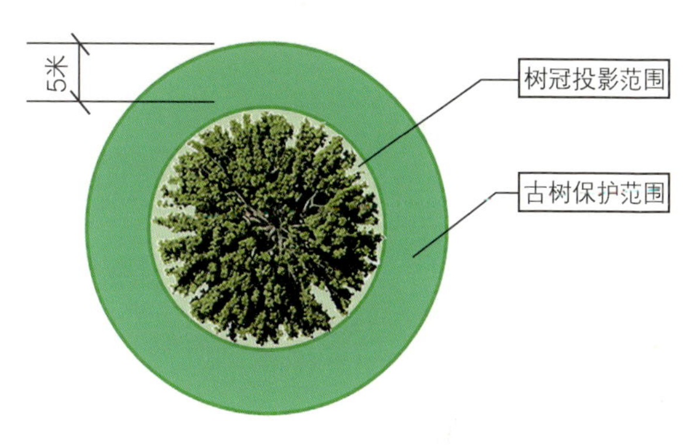


图 5-2 古树保护范围（古树树冠投影外延 5 米）

## 第二节

# 古代古树保护故事

我们的祖先很早就在与自然共处的过程中掌握了丰富的树木学相关知识，具备了朴素的生态智慧。古人对古树充满了敬畏之心，有很强的古树保护意识。

## 一、因树建园的故事

园林和树木的关系，通常是因建园而植树，但在清乾隆时期，有一个为保护古树而修建园林的故事。

在北海的东岸有一座小园林，与“濠濮间”南北相邻，是北海公园著名的园中园，名为“画舫斋”。其内有一株历史悠久、姿态优美的古国槐。据清室档案记载：乾隆对这棵古槐喜爱有加，为了观赏和保护这株古槐，在树侧修筑屋宇围墙，点缀太湖石，并以古槐为由为这座庭园取名“古柯庭”（图 5-3）。乾隆对这里的环境情有独钟，经常到这里游赏古槐，并多次以古槐为题作诗。乾隆二十四年（1759 年）作《御制古柯庭诗》：“庭宇老槐下，因之名古柯，若寻嘉树传，当赋角弓歌。阅岁三百久，成荫数亩多。底须向王粲，工拙较如何。”庭园的修建，为这株古槐的保护起到了重要作用。

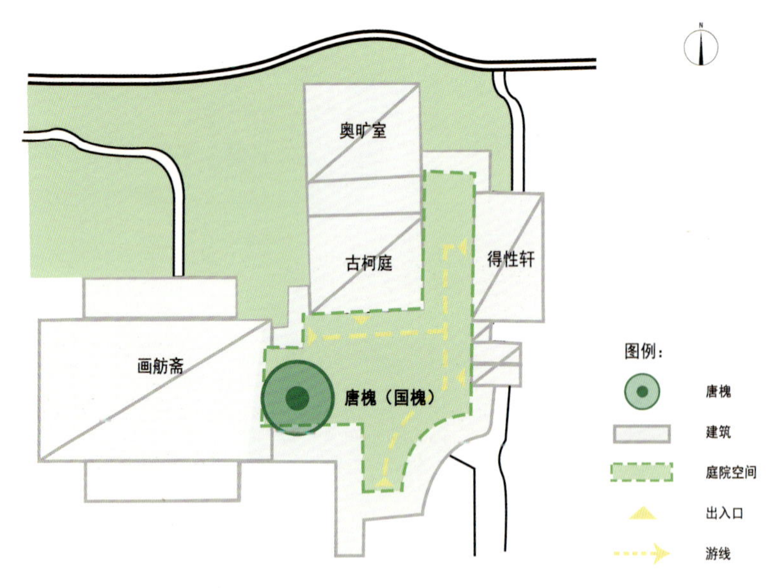


图 5-3 古柯庭与唐槐平面图

据专家鉴定，这株古国槐已有约 1200 年树龄，植于唐代，因此被称为唐槐。如今，保留下来的不只是唐槐和古柯庭，还有皇帝爱树护树、因树建园的动人故事。

## 二、团城“空中花园”古树保护的故事

团城位于北海公园最南端，已有约850年历史。金代时期团城是大宁宫的一部分，元代成为皇宫御苑太液池中的“瀛洲”，后经明清几代改建，形成了现在的景观风貌。

团城被称为“世界最小城堡”，城台高出地面约4.6米，面积仅有约4500平方米，其上却生长着40株郁郁葱葱的古树（一级古树17株，二级古树23株），是一座名副其实的“空中花园”。团城上保存着数株植于金代、树龄约850年的古树。它们历经沧桑岁月，至今仍高大挺拔，枝繁叶茂。朝代更迭，时光演替，留下了几代人保护团城古树的故事。

### （一）古代“高科技”保护古树

北海公园的太液池不仅为园林提供湖面景观，还能够在洪涝和干旱灾害时通过调节地面及地下水对树木起到保护作用。旱灾时，太液池湖水向湖岸四周土地渗透，为树木提供水分；涝灾时，地面雨水迅速排向太液池从而避免树木被淹。而团城是一个孤立、封闭的空中花园，地面高出周边平地4.6米，树木无法通过太液池的雨水调节来躲避自然灾害，古人是如何解决这个问题的？每遇暴雨时，团城仅仅“雨过地皮湿，不见积水留”，这又是为什么呢？人们曾经百思不得其解，直到2002年才通过偶然的发现破解了这个谜题。

2002年，因“白袍将军”两个枝杈长势较差，专家想尽各种办法，最终决定从根系上找原因，当撬开团城的地砖后，惊奇地发现这些地砖呈上大下小的倒梯形（图5-4），砖与砖之间形成的三角形空隙有利于雨水下渗，砖下面的衬砌材料又松又软，具有较好的吸水性和保水性。

再向下挖时，发现树下的一口古井内竟隐藏着一个可进人的涵洞（图5-5）。涵洞平面呈“C”字形分布，剖面呈拱形，高度在80~150厘米，可供成年人出入。地面通过11个排水口与涵洞连通。当大雨或暴雨来袭时，借助北高南低的地势，地面雨水迅速汇集到排水口，进入地下涵洞，在涵洞中形成暗河，并储存起来。大雨过后，

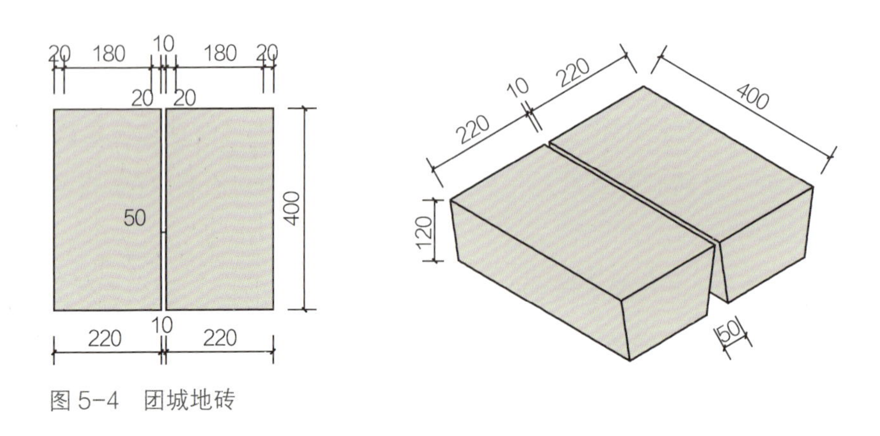


图 5-4　团城地砖

图 5-5　团城涵洞示意图

地面缺水时，涵洞中的雨水又缓慢向周边土壤渗透，为树木根系提供必要的水分（图 5-6）。

始建于明永乐年间的团城地砖和地下涵洞，与现代的“海绵城市”绿色基础设施的原理有异曲同工之妙，充分体现了我国先人们很强的古树保护意识以及精巧绝伦的生态智慧。

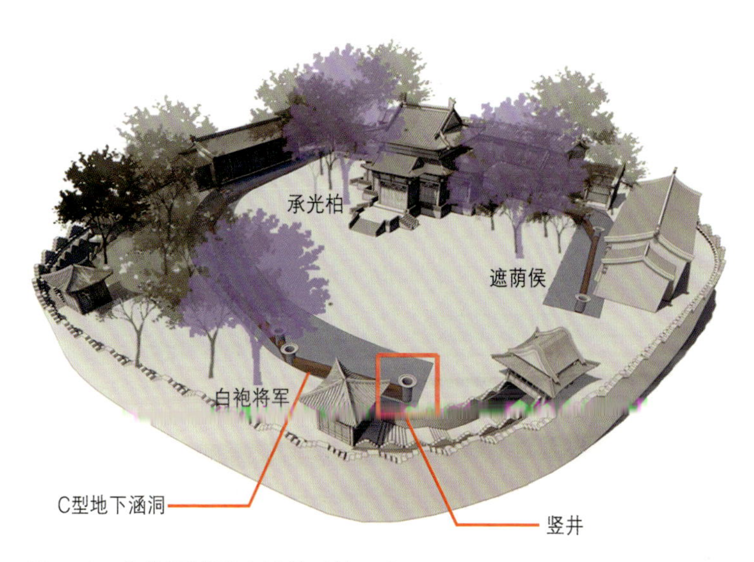


图 5-6 北海团城雨水渗排系统示意图

### （二）皇帝“册封”保护古树

团城是皇宫御苑的重要组成部分。明、清两代的皇帝都非常重视这里的古树。据传，朝廷还发放俸米用于团城古树的养护。

清乾隆皇帝更是对古树充满了敬意与关爱，一口气为三株团城古树封侯加爵，分别是白袍将军、遮荫侯、探海侯（已不存在）。帝王为古树封侯的行为使团城上的这几株古树闻名遐迩，客观上对古树的保护起到了重要作用。人们对“有官职”的古树充满敬畏之心，不但不敢随意破坏，还想尽各种办法进行保护。

## 第三节 现代古树名木保护故事

保护古树名木，对探索环境气候变迁、保存种质资源、维护古都风貌都具有重要意义，是推进人与自然和谐共生的生动实践，是建设生态文明和美丽中国的内在要求，是传承中华优秀传统文化的重要途径。

## 一、习近平与古树保护

习近平总书记对于保护古树名木的重视，可以追溯到在地方工作时期。

1982年，习近平到河北正定工作，他关注到县委大院的两棵古槐。“他看到这两棵槐树，问我们知不知道树龄，大家都说不知道，他就让我们找专家看看，要不要保护起来。后来经鉴定，这两棵槐树是明朝初年的，已经600多岁了，于是将它们保护起来。后来还专门立一石碑，刻上《古槐赋》。过去，大家都对大槐树视而不见，习书记一眼就看到它们的价值。他的视野和思维就是不一样。”时任县委办副主任朱博华回忆。在正定主政期间，习近平身体力行抢救古树、古寺、古城墙，让正定真正成为了一座“有记忆的城”。

1998年1月，在“榕城”福州，时任福建省委副书记习近平实地考察了树龄超过1000年的唐代榕树遗存——“榕城第一古榕”。习近平叮嘱古榕管护责任人：“你是第一古榕领养人，要像爱护生命一样养护好活文物；遇有异常情况，要随时向园林管理部门报告。”

在浙江省衢州市开化县金星村，至今传颂着习近平抢救千年银杏树的故事。2006年8月，时任浙江省委书记习近平在考察新农村建设途中，看到村里一棵千年树龄的银杏树根部很多泥土都被挖掉，根系裸露在外，生命岌岌可危。他立即对村干部说：“这是金星村的象征，十分珍贵，不能让它死掉。保护古树就是保护村庄。”于是，一场抢救银杏树行动很快展开。10多年过去，这棵巍然挺立的银杏树已经成为金星村最亮丽的风景，吸引很多慕名而来的游客。

习近平总书记对古树保护一向十分关切与重视。

2021年4月25日，习近平同志视察广西。在毛竹山村，一棵800多年的酸角树仍然郁郁葱葱。走到树下，习近平总书记看了又看：“我是对这些树龄很长的树，都有敬畏之心。人才活几十年？它已经几百年了。”

2023年4月，习近平总书记委托李书磊部长给陕西省委书记和省长传话：“好好保护好那5株5000年的古树。”

2023年7月25日，习近平总书记视察四川省广元市翠云廊古蜀道，面对人类最早的行道树柏树群，发出“在这里可以得到很多启示，挖掘出很多意义，对自然要有敬畏之心”的感慨，作出“要把古树名木保护好，把中华优秀传统文化传承好”的重要指示。

……

## 二、给古树“让道”的故事

北京古树资源丰富，4 万余株古树散落在全市 16 个区。近年来，经济社会发展步伐不断加快，城乡基础设施建设如火如荼。在此过程中，不乏一些建设项目与古树名木不期而遇。为了守护好传承着北京历史文化、展示着首都风范、体现着古都风韵、寄托着百姓乡愁的古树，建设部门巧妙设计，甚至不惜增加建设成本、延长建设工期，涌现出一个个城市和路桥建设为古树“让道”的鲜活故事，体现了注重保护生态文明的强大共识。

### （一）密云九搂十八杈

九搂十八杈位于密云区新城子镇，是一株树龄达 3500 年的侧柏古树，是北京最古老的古树。省级公路松曹路原本紧邻九搂十八杈，道路硬化影响雨水渗透，加之原来修建的挡土墙距离树干很近，导致古树根系伸展不开，从而影响了古树生长（图 5-7）。为给古树留有生长空间，相关部门采取松曹路东移 15 米、拆除了原本隔离古树和公路的挡墙，让古树的根系更舒展、更透气，能够吸收更充足营养（图 5-8）。道路修建多年后，再为古树改道，成为古树保护的一段佳话，不仅罕见，也体现了时代的进步。同时，为了更好地保护古树，并

图 5-7　改道之前九搂十八杈长势较差

利用好古树的价值，依托九楼十八杈修建了柏神公园，这也是北京市首个古树公园（图 5-9）。通过公园游览，开展古树保护宣传，让更多市民了解和保护这株“神柏”。

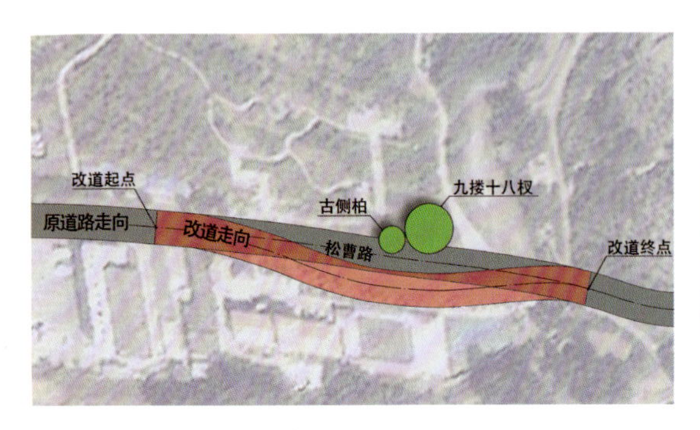


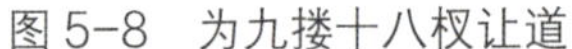
图 5-8　为九搂十八杈让道

图 5-9　九搂十八杈现状及其相邻道路

## （二）玉泉路口古银杏

位于石景山区玉泉路口西北侧路边的两株古银杏，树龄达 700 多岁，是元代灵福寺遗存的树木，这两株银杏古树相距约 40 米，为两株“夫妻树”，东侧一株为雄树，高大挺拔，西边一株为雌树，秋季硕果累累。1956 年，北京修建 1 号线地铁时，工程局设计部门原本提出的方案是刨掉古树，让位于地铁站。周恩来总理接报后批示：“银杏树是著名的古树，须原地保护”，明确要求地铁线路设计要给古树让路。最终，地铁修建方案延长了玉泉路站至八宝山站的距离，古树得以留存（图 5-10）。2008 年北京市园林绿化局为这两株已 700 多岁“高龄”的元代古银杏树立碑撰纪，碑文中记录了古树的名称、科属等档案，以及周总理当年为保护古树修改地铁建设方案的故事（图 5-11）。2023 年，为整体保护古树及其周边生长环境，石景山区园林局以“灵福银杏”为主题在此修建了古树保护主题公园，对两株银杏采取树洞仿真修复、增设支撑、防腐处理、添复壮井和通气孔等复壮措施，还在古树北侧绿化带设置古树历史及科普宣传牌，方便市民在观赏古树的同时，了解古树故事，更好地保护古树并传承古树文化。

图 5-10 玉泉路口古银杏

图 5-11 古银杏石碑

## （三）天宁寺桥古国槐

位于西二环天宁寺桥东的古国槐，为二级古树，可以称得上是北京最牛“钉子树”。为了保护这棵古树，设计师巧妙设计，让二环车道在此拐弯分叉，还在立交桥上为这棵古树开了个大口子（图 5-12）。如今，该古槐树根深扎在桥梁底下的土地里，树干穿过桥面，树冠就在天宁寺桥上舒展着，形成了“路中树”的奇特景观（图 5-13）。

图 5-12 北京最牛“钉子树”

图 5-13 天宁寺桥上的“路中树”

## （四）德外大街古国槐

位于西城区德外大街路中央的国槐为二级古树。这株古树原来在路边一侧，在德外大街修建扩宽中，对这株古树进行了保留（图 5-14）。

类似这样的保护措施还有很多，如昌平区昌赤路改造时在道路中间设置绿岛，保留了古树（图 5-15）。

图 5-14　德外大街古国槐

图 5-15　昌赤路上为古树改道

# 第六章

# 古树健康与树木医生

由于古树具有重要的自然生态和历史文化价值，因此维护古树健康是一项很重要的工作。古树本身已处于树木的老龄期，就像老年人一样，抵抗力相对较弱。在北京，有这样一群人，他们对树木进行健康体检，发现问题及时进行修复和复壮，我们形象地称其为“树木医生”。

## 第一节

# 古树健康诊断

对古树进行健康诊断，就像对人进行体检一样，要进行很多项目的检测，比如地上部分的枝干是否稳固、内部是否有空腐、枝叶的长势如何，地下部分的根系活力情况、土壤质量，以及周围的生长环境和病虫危害程度等，必要时需要对古树内部的一些生理生化指标进行分析。通过对这些指标的综合评定，可以较为准确地判断古树的健康状况，了解古树是否存在健康隐患，为采取精准的古树修复与复壮措施提供依据。

随着科技的进步，一些先进的检测设备也逐渐应用于古树的健康诊断中，实现古树内部状况的微损或无损检测。如应力波断层成像仪（图 6-1），可以通过树干内部应力波的传播，将树干内部的空腐程度以图像的形式展现出来。此外，阻抗图波仪、树木雷达检测仪等的应用使古树健康评价不断得到科技加成，智能化、精准化程度不断提高。

图 6-1 应力波断层成像仪检测树体空洞

## 第二节

# 古树修复

古树如果出现树干空腐、树皮剥落、树枝断裂等情况，就像人的四肢或皮肤出现破损一样，要采取必要的措施进行修复。

接下来我们就一起来看看古树是如何修复的吧。

树干出现空腐形成树洞是古树常见且关系古树存活的树体受损情况，对其进行修补是进行古树修复最主要的一项工作。但是修复树洞不是简单进行填充和修补，而是在“能通不堵洞、补干不补皮”的科学修复理念下，进行必要的修复，避免过度修复和二次伤害。

## 一、能通不堵洞

“能通不堵洞”是以疏通雨水、洞壁修复为主的树洞处理理念。根据树洞的不同类型制订雨水疏通方案，树洞内不做填充或修补，只做洞壁修复，使进入树洞的雨水能够快速排出，保持树洞内部通风、干燥（图 6-2）。

图 6-2　以“能通不补洞”理念修复的古国槐

## 二、补干不补皮

在必须修补树洞的情况下，采用补干不补皮的做法。首先对树洞进行洞壁修复，再以耐腐朽的柏木或钢筋做龙骨，起到支撑作用，用无纺布或不锈钢纱网做衬底，上覆硅胶、复合树脂等材料做树干仿真艺术处理。这种处理能提高仿真材料与树体的结合度，较好地防止古树因树洞进水而导致的木质部腐烂，防止填充材料带给古树的不利影响，同时达到较高的仿真艺术效果(图6-3)。

图6-3 “补干不补皮”理念修复的古国槐

## 三、主要修复步骤和方法

洞壁修复流程：树体创面清理(6-4)→消毒杀菌杀虫(图6-5)→防腐固化(图6-6)→预留防水孔。图6-7为修复后的效果。

树洞修补流程：内部加固及安装龙骨架(图6-8)→安装铁丝网(图6-9)→安设通风口→安装内层表皮(图6-10)→制作并安装外层表皮及上色(图6-11)。图6-12为完成后效果。

图6-4 清理：用挖铲清理洞内的腐朽物至洞壁硬层

图6-5 杀虫：配制杀虫剂，用喷枪喷洒至树洞内壁

图 6-6 防腐：用刷子或气动喷壶刷涂或喷涂熟桐油 2~3 遍

图 6-7 洞壁防腐修复后效果

图 6-8 内部加固及安装龙骨架

图 6-9 安装铁丝网

图 6-10 安装内层表皮

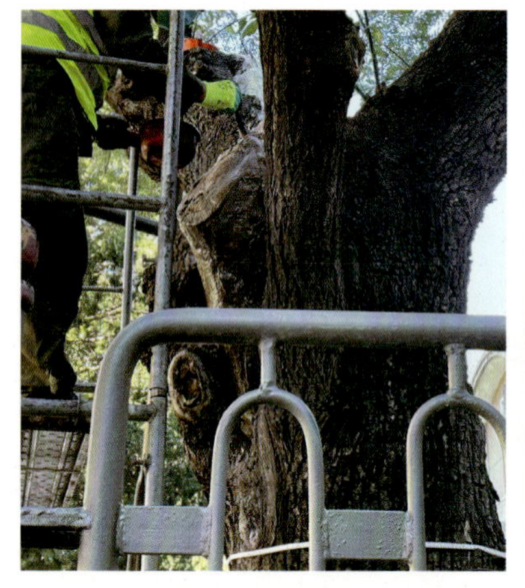

图 6-11 制作并安装外层表皮及上色

图 6-12 树洞修补后的效果

## 四、树体支撑

如果古树树体出现倾斜，或一些粗大的枝干有折断隐患，为了确保人树安全，对于这些不稳固的古树主干或大枝加固支撑是古树保护中一项极为重要的工作。目前支撑主要采取两种措施，一种是拉纤（图 6-13），一种是硬支撑。

图 6-13 拉纤

拉纤主要用于对古树进行加固，常用钢丝绳等软性材料固定在古树树干与需要固定的大枝之间，在保证古树树冠正常生长的情况下将大枝固定好，防止折断。为了防止拉纤对树体造成损伤，在钢丝绳等与树体接触的地方常使用橡胶垫作为缓冲。

硬支撑主要用于易发生倾倒、劈裂的树干，或者有折断风险的粗大枝干（图 6-14）。所谓硬支撑，就是使用钢管、水泥柱等以支撑杆的形式将树干或大枝支撑起来。在使用硬支撑时，要选择合适的支撑点，尽可能避免对古树造成压迫伤害。在硬支撑与树干的接触位置常常要使用橡胶垫等材料进行缓冲。如果支撑部分的重量较大，要在支撑杆下部建基座，予以固定。支撑需要依据古树的生长，定期进行检测，不断调整松紧程度、更换垫层，避免对树体造成伤害。

钢管支撑

仿真支撑

图 6-14 硬支撑

## 第三节

# 古树复壮

古树复壮，是指通过对生长势衰弱的古树进行“体检”，找出“病因”，并“对症下药”的行为和过程。

对古树进行复壮主要是通过改善古树根部土壤的物理环境和养分状况，为根系营造良好的生长条件来实现，以恢复根系的活力，促进根系生长，加快营养吸收，使古树的树势得到恢复。目前，主要通过改善土壤通气透水状况和提高土壤肥力两个方面进行古树复壮。

改善土壤通气透水状况首先要清理古树根系土壤中的杂物，而后可以打通气井（图 6–15），或埋设通气管，对于硬铺装地面要进行拆除，换成透气砖或架空木质平台。

提高土壤肥力主要通过挖设复壮沟（图 6–16）、复壮井（图 6–17），埋设复壮孔等形式，施加以有机肥为主，与园土、微生物菌肥、草炭等结合的复壮基质，或施用不同古树专用的复壮营养基质成品，施用量和施用方式要结合古树健康诊断的结果，并根据古树树种及其所处环境进行个性化设计。

图 6–15　通气井

图 6–16　复壮沟

图 6–17　复壮井

# 参考文献


白冰，2012. 明代团城排水设计引发的思考 [J]. 中国勘察设计（8）：20–21.

保平，张树民，高旭珍，2022. 古树健康诊断及复壮措施 [J]. 山西林业科技，51（1）：56–58.

北京市园林绿化局，2009. 北京古树名木散记 [M]. 莫容，胡洪涛，著 . 北京：北京燕山出版社 .

北京市质量技术监督局，2007. 古树名木评价标准：DB11/T 478–2007[S]. [2024–07–23]. https://www.doc88.com/p–1324509264392.html.

北京市质量技术监督局，2009. 古树名木保护复壮技术规程：DB11T 632–2009 [S/OL]. [2024–07–27]. https://www.doc88.com/p–3435619030660.html.

北京市质量技术监督局，2010. 古树名木日常养护管理规范：DB11/T 767–2010[S]. [2024–07–28]. https://www.doc88.com/p–9169556196297.html.

国家林业局，2015. 古树名木复壮技术规程：LY/T 2494–2015[S]. [2024–07–25]. https://www.doc88.com/p–3435619030660.html.

国家林业局，2016. 古树名木鉴定规范：LY/T 2737–2016[S]. [2024–07–25]. https://www.doc88.com/p–59439117158688.html.

京津冀古树名木保护研究中心，2019. 京津冀古树寻踪 [M]. 北京：中国建筑工业出版社 .

潘谷西，2004. 中国建筑史 [M]. 5 版 . 北京：中国建筑工业出版社 .

首都绿化委员会办公室，2022. 古都守望者：北京古树 [M]. 北京：北京联合出版公司 .

徐婷,刘丹,殷秀强,等,2022. 古树健康诊断的复壮措施及效果评价指标 [J]. 东北林业大学学报,50(9):45–49.

中华人民共和国住房和城乡建设部,2016. 城市古树名木养护和复壮工程技术规范:GB/T 51168–2016[S]. 北京:中国建筑工业出版社.

周维权,2008. 中国古典园林史 [M]. 3 版. 北京:清华大学出版社.

Zhang L, Yang Z, Voinov A, et al., 2016. Nature-inspired stormwater management practice: The ecological wisdom underlying the Tuanchen drainage system in Beijing, China and its contemporary relevance[J]. Landscape and Urban Planning (155): 11–20.